建筑设计

手绘线稿表现
从入门到精通
（第2版）

王美达 著

U0265089

人民邮电出版社

北 京

图书在版编目（CIP）数据

建筑设计手绘线稿表现从入门到精通 / 王美达著
. -- 2版. -- 北京 ：人民邮电出版社，2020.1（2022.10重印）
ISBN 978-7-115-53168-1

Ⅰ．①建… Ⅱ．①王… Ⅲ．①建筑设计—绘画技法
Ⅳ．①TU204.11

中国版本图书馆CIP数据核字(2019)第295016号

内 容 提 要

本书针对建筑设计手绘线稿表现进行了系统而翔实的讲解。从手绘坐姿、线条、透视、配景、材质、构图等内容讲起，渐进至"根据建筑平面图起建筑平透视图和鸟瞰图"的方法，最后从手绘用途和表达内容的角度出发，对建筑手绘线稿的分类做了系统总结，包括草图型建筑线稿手绘、表现型建筑线稿手绘和精细型建筑线稿手绘。同时，本书采用手绘过程实景拍摄的演示方法，将各种线稿的手绘过程，循序渐进、清晰详细地展示给读者，帮助手绘者顺利突破手绘过程的层层羁绊，攀越高峰。

本书不仅详细讲解了建筑设计手绘基础层面的理论和技巧，还加入了很多场景难度较大的建筑线稿手绘演示过程和优秀的建筑线稿手绘作品示范，甚至涉猎建筑外观设计的技巧和方法，具有广泛的适用性和应用性，适合建筑设计、城市规划、环境艺术、风景园林等相关专业的高校在校生、设计师和手绘爱好者学习。无论你是手绘初学者，还是已经具有一定手绘基础的读者，均可在阅读本书的过程中有所收获。

◆ 著　　　　王美达
　　责任编辑　张丹阳
　　责任印制　马振武
◆ 人民邮电出版社出版发行　　北京市丰台区成寿寺路 11 号
　　邮编　100164　电子邮件　315@ptpress.com.cn
　　网址　http://www.ptpress.com.cn
　　北京虎彩文化传播有限公司印刷
◆ 开本：880×1230　1/16
　　印张：15　　　　　　　　　2020 年 1 月第 2 版
　　字数：576 千字　　　　　　2022 年 10 月北京第 4 次印刷

定价：59.00 元

读者服务热线：(010)81055410　印装质量热线：(010)81055316
反盗版热线：(010)81055315
广告经营许可证：京东市监广登字 20170147 号

更美达老师的《建筑设计手绘线稿表现从入门

到精通》一书案例清晰，内容翔实，循序渐进，深入

浅出。不仅深刻刻析了建筑设计线稿手绘的各种

技法。还能将手绘技巧与建筑外观的设计方法

巧妙结合，堪为手绘表现教材中理论结合实践、

既兼具较高艺术品位的厚积薄发之作！

崔金成·二〇一七·五.

前言 Foreword

手绘是人类最淳朴、最生动的语言之一。手绘艺术最早源于建筑工程，早在欧洲文艺复兴时期，身为工程师，同时又是画家、雕塑家的米开朗基罗就已在其众多作品中展现了类似的设计风格。随着现代设计行业的发展，手绘逐渐退去了其神秘的面纱，只要按照正确的方法坚持一定时间的训练，就可以掌握手绘技法，并运用手绘完成方案设计。

建筑设计线稿手绘，是设计手绘中的重要门类。纵观市面上该类型的手绘书籍，多为临摹展示之作，疏于理论的系统总结和技法的详细解读。因此，笔者将自己十多年手绘教学和手绘设计的经验加以全面总结，并以系统的理论、翔实的步骤、优质的作品铸就一本精细解读建筑线稿手绘的工具书。

本书的撰写过程历经三年。在这段时间里，笔者以著书为目标，结合教学与方案设计，绘制了大量的建筑线稿手绘，并且随着手绘数量和难度的不断提升，笔者对建筑手绘的理解深度和审美能力亦得到了进一步的提高。在磨炼中领悟，在收获中总结，几经修改与调整，本书以高度负责的态度和非常清晰的表达方式，由浅入深地讲解了建筑线稿手绘的全部内容，并努力实现了建筑手绘理论与实践训练的紧密结合。在理论构架方面，从手绘坐姿、线条、透视、配景、材质、构图等内容讲起，渐进至"根据建筑平面图起建筑平透视图和鸟瞰图"的手绘技法，最后从手绘用途和表达内容的角度出发，对建筑手绘线稿的分类做了系统总结，包括草图型建筑线稿手绘、表现型建筑线稿手绘和精细型建筑线稿手绘。在实践训练方面，本书采用手绘过程实景拍摄的演示方法，使读者能够清楚地看到画面从一根线到一个面，再到一个体，最终构成整个建筑场景的手绘

演变过程，而且每个过程，即使是最基本的画线过程，都配有详细的照片演示步骤。如同看到老师的亲身示范，读者易于一步步地跟随本书进行手绘学习。在适用人群方面，手绘初学者使用本书，可以通过由浅入深的训练过程，逐渐加强手绘基础能力，轻松突破手绘入门环节，实现建筑场景线稿手绘表现，甚至建筑外观手绘设计等更高层面的目标。拥有一定手绘基础的读者使用本书，可通过阅读本书的理论内容，对自己的知识构架查漏补缺，完善知识体系，并可临摹与鉴赏本书中一些较高难度的表现型建筑线稿手绘和精细型建筑线稿手绘作品，提高专业能力与艺术修养。

在复杂的编写过程中，出版社编辑对本书进行了专业上的引导和协助，最终使本书顺利出版，为此我们也结下了深厚的友谊。本书在截稿后，其内容得到国内著名油画艺术家崔全成老师的认可和好评，在此深表荣幸和感激。另外，由衷地感谢在本书撰稿过程中，为我提供各种帮助的燕山大学建筑系和环境艺术系的学生：刘胜禹、袁路、王树平、尹红男、张鹏飞和郝秀阳等。最后，感谢人民邮电出版社的支持，感谢关心我的家人和朋友们！

手绘是一种艺术，但也是一种未成熟的艺术。随着其广度的发展与深度的开拓，手绘体系将日趋完善，而对于手绘理论的总结与技巧的挖潜，将是我们每一位手绘者未来的责任和义务！

王美达

目录 contents

1 第1章
建筑手绘的工具

2 第2章
建筑手绘的基本要求

3 第3章
建筑平面图、立面图、透视图的相互关系及线稿表现

第 4 章

建筑线稿手绘的分类与演示

5

建筑手绘作品欣赏

第 **1** 章

建筑手绘的工具

"工欲善其事，必先利其器"。虽然建筑手绘的工具不拘一格，但成熟的手绘者，必然拥有一套自己最顺手的工具。本章中介绍的工具是笔者结合自己多年的手绘经验总结而来的，性价比较高，仅供大家参考借鉴。

1.1 笔

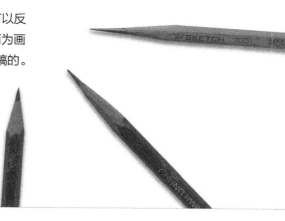

| 1.1.1 铅笔 |

铅笔是建筑手绘表现的前期必备工具，特别是对于初学者来说，利用铅笔可以反复修改，从而找到画面中合理的构图、准确的透视以及正确的比例关系等，进而为画面效果的塑造打好基础。一般来说，HB 和 B 型号深度的铅笔是比较适合用来起稿的。

● 拍摄：王美达

| 1.1.2 墨线笔 |

1. 中性笔

中性笔适合进行手绘基础训练、草图训练及简单的线稿手绘训练等。中性笔多为子弹头型或针管型笔尖，书写流利，笔迹快干，但是一般中性笔在较厚重的铅笔稿上加墨线，容易出现堵笔现象，影响线条的流畅度。基于此原因我们推荐白雪牌中性笔，它可以轻松覆盖铅笔稿，且价格便宜。此外，一些进口品牌的中性笔同样具有覆盖铅笔稿的能力，但价格稍贵，读者可根据自身购买能力进行选择。

● 拍摄：王美达

2. 一次性针管笔

一次性针管笔适合进行手绘线稿的轮廓勾线、阴影线、肌理线的表达。该类笔根据笔尖管径的粗细分为多种型号，推荐初学者购买的型号为 0.3、0.5、0.8。如选用 A3 纸作画，应选择 0.8 号笔绘制整体轮廓，0.5 号笔刻画细节；如选用 A4 纸作画，应选择 0.5 号笔绘制整体轮廓，0.3 号笔刻画细节。一次性针管笔对铅笔稿的覆盖力较强，笔迹干得快，不会出现堵笔的现象，可以画出线条的力度感，但因为一次性针管笔笔尖宽度固定，其绘制的线条不够生动，所以，绘制以划线为主的建筑线稿手绘或绘制精细型线稿时一次性针管笔优势明显，但绘制以拖线为主的建筑线稿时会略显死板。在一次性针管笔的选择上，笔者常用三菱或美辉品牌。

● 拍摄：王美达

3. 钢笔

钢笔是比较适合建筑线稿手绘的工具之一, 适用于多种风格的建筑线稿手绘表现。钢笔一般可分为普通书写钢笔和美工钢笔两种。普通书写钢笔画出的线条挺拔有力且富有弹性。美工钢笔则能根据下笔力度和角度的不同, 画出粗细变化丰富且有肌理效果的线条。钢笔对铅笔稿的覆盖力极强, 但是笔迹干得较慢, 操作不小心会滴落墨点或刮蹭墨痕, 影响画面效果。因此, 用钢笔绘制精细型建筑线稿时要格外小心。

● 拍摄: 王美达

4. 签字笔

笔者在绘制建筑线稿时较为偏爱签字笔, 在此为大家推荐以下两种类型。第一种为鸭嘴形签字笔, 代表品牌为派通。该笔绘制的线条有强烈的顿挫感, 特别是绘制划线时可轻易体现出其中"力"的感觉, 但该笔价格较高, 且笔芯不太耐用, 适合有一定手绘基础的绘者使用。

● 拍摄: 王美达

第二种为纤维头签字笔, 代表品牌为施耐德。该笔绘制线条更为灵活, 笔尖在各个角度下出水都十分充足, 可画出线条的轻重缓急, 该笔价格也比较高, 比较适合户外写生或草图修线时使用。

● 拍摄: 王美达

5. 加重笔

加重笔在建筑线稿手绘中一般在后期使用, 其主要作用为提炼明暗交界线, 加强画面视觉中心, 加强画面前景对比, 以及深背景效果处理等。在此, 推荐以下两类加重笔。

（1）草图笔

草图笔笔头较粗, 具有良好的笔触感和灵活度, 对于建筑线稿手绘的后期加强效果非常明显。笔者常用品牌为派通和百乐等。

● 拍摄: 王美达

（2）马克笔

马克笔有宽窄两个笔头, 其中宽头一侧可画出宽、中、细三种不同宽度的笔触。选择一支油性的黑色 120 号马克笔, 同样可起到加强建筑线稿手绘后期效果的作用, 特别是利用马克笔的最宽笔触, 可以制作较大面积的深色背景。但是马克笔笔头形状已经固定, 因此其线条"硬而不活", 绘制时可根据画面整体的线条风格选择使用。

● 拍摄: 王美达

1.2 纸

| 1.2.1 复印纸 |

复印纸纸面光滑细腻，价格便宜，较为适合进行大量基础训练及草图推敲使用。

| 1.2.2 素描纸 |

素描纸纸质较厚，比较适合对一些画错的线条进行刮线修改，可进行正式线稿的表现。

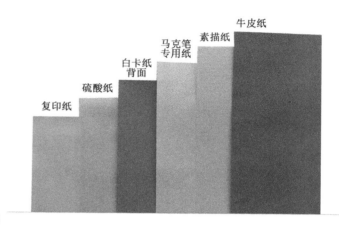

●拍摄：王美达

| 1.2.3 半透明纸 |

半透明纸主要包括草图纸和硫酸纸，该类纸质地密实、薄脆，呈半透明状，较适合手绘初学者进行拓图训练，还可将其铺于坐标纸上进行方案构思与设计，是进行拷贝和临摹的理想纸张。

●拍摄：王美达

| 1.2.4 白卡纸背面或牛皮纸 |

白卡纸或牛皮纸都具有特殊的背景色，用其进行手绘线稿表现需加重墨线刻画，同时结合白广告色、修正液、高光笔和油画棒等工具提炼画面的高光与亮部，如此画面才会具有较强的艺术感染力。

●拍摄：王美达

1.3 辅助工具

| 1.3.1 美工刀 |

美工刀可以用来削笔和裁切画纸，特别是锋利的美工刀片可以将画错了的墨线刮掉，是手绘纠错的必备工具。

◉ 拍摄：王美达

| 1.3.2 画纸固定工具 |

美纹纸，可粘贴画纸边缘将其固定，该材料不伤纸面，易于徒手撕扯，性能与操作均优于胶带。

◉ 拍摄：王美达

| 1.3.3 修正液、高光笔 |

修正液和高光笔，不仅是建筑线稿手绘中的修改工具，还是重要的增效工具。修正液又称涂改液、立可白，是一种白色不透明快干颜料，不但可以用来修改画面，更适合为画面提炼高光，产生特效，但是修正液在画面中对于长线、细线的绘制有一定难度。高光笔，其笔尖和一次性针管笔相似，下水流畅，可画细长线，在深底色上，可以表现某些细节，但是其白色的浓度似乎不如修正液高，因此最高亮度的提炼，高光笔则略显力不从心。在手绘表现时为了画出更生动的效果，建议修正液和高光笔各准备一支，以便互相借助，取长补短。笔者常使用的修正液品牌为三菱和派通，常使用的高光笔品牌为樱花。

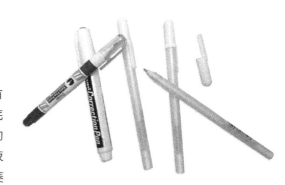

◉ 拍摄：王美达

| 1.3.4 直尺、平行尺 |

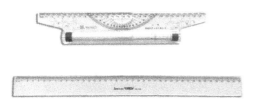

尺子在手绘中，一方面可以辅助长直结构线的绘制，另一方面可在草图型线稿手绘的后期，辅助"修型"之用。具体来说，直尺可以辅助各角度线条的连接，操作灵活；平行尺可以连续地画出平行线，有利于排版和平行线条的批量绘制。

◉ 拍摄：王美达

| 1.3.5 橡皮 |

橡皮的作用在于擦拭铅笔稿，洁净画面，另外橡皮也是手绘纠错的辅助工具之一。

◉ 拍摄：王美达

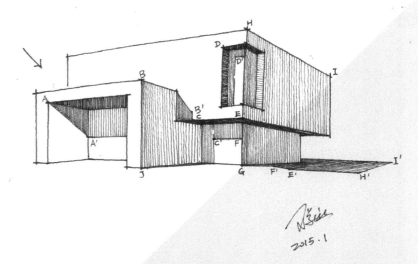

2015.1

第 2 章

建筑手绘的基本要求

学习建筑手绘要循序渐进，经过大量基础的、专项的训练，掌握手绘基本要领之后，才能进行难度较高的、综合性建筑场景手绘表现练习。在建筑手绘的初期训练中，通常我们希望初学者能够先具备手绘基础、配景表现、材质表现和审美分析四种能力，再进行下一步的综合应用。

2014.12

2.1 手绘基础

手绘基础作为建筑手绘的前期必修课，对初学者来说至关重要，主要包括手绘坐姿、线条训练、透视训练、造型训练、明暗与光影训练等五个环节。

| 2.1.1 手绘坐姿 |

受手绘的快捷性和建筑结构的准确性等方面要求所限，手绘时大多以伏案式为主要姿势，其中几处要点需着重提示。

1. 手绘的正确坐姿

（1）手绘者躯干尽量坐直，双足踏稳，双眼距桌面保持一定距离，力争做到随时可以通观整个画面，掌控全局。如此，画水平线和垂直线时，可以参照最近的画纸边缘，保持线条方向的准确性。

（2）手绘者右手持笔，左手按稳画纸，手握笔杆的位置尽量靠后，握笔的手指不要阻挡眼睛监督笔尖的移动方向，这样才能将线条画长、画准。手绘者的目光既要随时通观整体画面，又要深入细节，以便在手绘过程中，分析画面整体与局部的变化与统一。

● 示范：袁路

● 示范：赵秋雯

2. 手绘常见错误坐姿

（1）下面左图坐姿，手绘者的视线与画纸无法保持平行，画水平线与垂直线难以找到正确的参照物，会导致线条失准。另外，左手不按稳画纸，会导致画纸不受控制地移动，严重影响线条效果。

（2）下面中图坐姿，手绘者重心不稳，既难于画出流畅有力的线条，也不利于长期手绘制图。

（3）下面右图坐姿，手绘者头过低，无法通观画面全局，必然导致最终画面在整体关系上失去协调感，同时，该坐姿无法完成长直线的徒手绘制，对视力与颈椎危害也很大。

● 示范：袁路

● 示范：袁路

● 示范：袁路

2.1.2 线条训练

线条是手绘的灵魂，要在纸面上清晰完整地表达一个事物，先要从线条开始。在手绘中，线条并不是能画出即可，还需要对线条的准确度、力度、流畅度、虚实关系及疏密关系等予以思考，线条质量是衡量一个手绘者水平高低的主要标准。

1. 线条的分类

建筑手绘的线条多种多样，名称繁杂，为了方便掌握，我们将诸多线型概括为两大类，即拖线与划线。从下面两张图可以看出用拖线和划线绘制的立方体各具特点：拖线绘制的立方体生动流畅，有节奏感；划线绘制的立方体坚硬挺拔，有力量感。

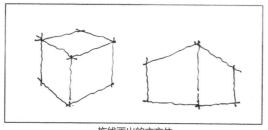

拖线画出的立方体
● 作者：王美达

划线画出的立方体
● 作者：王美达

（1）拖线

拖线是手绘者将笔尖紧压纸面，缓慢而灵活地运笔画线来完成的，也叫慢线、抖线。拖线是一种较为轻松、随意、带有节奏感的线条，该线型细节变化丰富，体现着手绘者的个人审美修养，蕴含着深层次的艺术魅力。

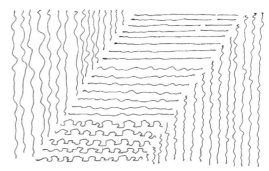

● 作者：王美达

拖线在建筑手绘中的应用如下。

■ 徒手画大型建筑，可用拖线概括性地表达其结构。

● 作者：王美达

■ 民居或者古建用拖线手绘，有利于表现其沧桑感。

● 作者：王美达

■ 利用拖线抖动的特征，可表现大面积绿化和植被。

● 作者：王美达

（2）划线

划线是手绘者在纸上落笔后，先短程反复运笔形成起点，再快速将线条划过，最后收笔停顿，形成一气呵成的挺直线条，也叫快线。划线是一种视觉上类似于尺规作图的线条，该线型具有较强的视觉冲击力，给人以紧张、规整、锋利的感觉，同时也体现了手绘者的自信与肯定。

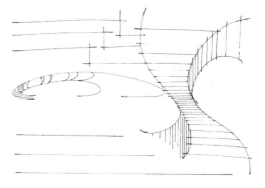

● 作者：王美达

初学划线时，因为不易掌握划线平直、准确等要领，所以较难上手，但经过一定时间的持续训练，掌握其"手感"之后，会给人耳目一新且专业性很强的感觉。但是，由于划线运笔速度过快，思考时间太短，所以其线条语言较为直观，内涵不如拖线丰富。

划线在画面中的应用如下。

▧ 现代风格的建筑常使用划线。

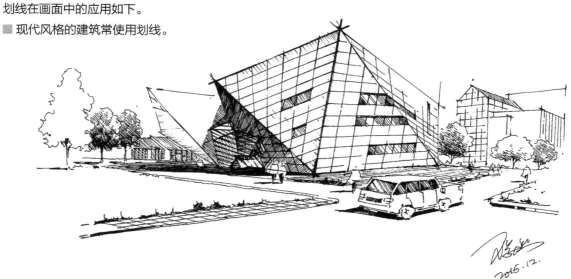

● 作者：王美达

▧ 物体光洁面的表达常使用划线。

● 作者：王美达

■ 快速构思草图，可用划线迅速找出建筑的形体比例和结构关系。

●作者：王美达

■ 手绘前期铅笔稿，可尽量用划线勾勒画面的构图和形体关系。

●作者：王美达

2. 画线要领

每个人都会画线，但看似最简单的线条，却是手绘中最重要也最难用好的绘画语言。这里，我们将重点针对线条在建筑线稿手绘中的一些常规要领进行讲解。

（1）画线要有力量

瓦西里·康定斯基认为："我们在塑造形体时，所注重的不仅仅是外面的形态，而是存在于内部那些力之所在。"一件艺术作品无论外表上装饰得多么好看，若它不能给我们以力的感受，就不能称其为一件好的艺术品，手绘中的线条也是如此。如何画出具有力量感的线条呢？我们将手绘技巧初步总结为以下几点。

■ 无论是画拖线还是划线，务必一笔从头画到尾——线条自信且流畅。

■ 起笔、收笔要顿笔,画线过程要迅速,线条要有张力且富有弹性。

■ 体块转角处要大胆画出头——线条有冲击力、不拘谨。

符合以上特点的拖线和划线绘制的几何造型如右图所示。

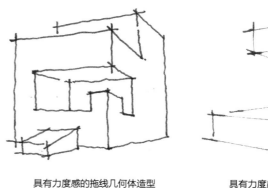

具有力度感的拖线几何体造型　　具有力度感的划线几何体造型

●作者:王美达

通常的书写习惯往往会造成与手绘用线要求相悖的效果,常见问题如下图所示。

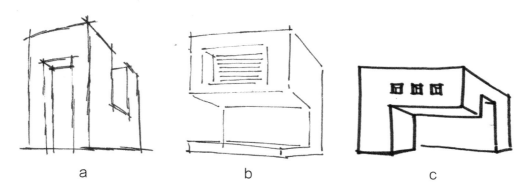

　　a　　　　　　　　　　b　　　　　　　　　　c

●作者:王美达

图a,用线一笔接一笔去描,线条不连贯、毛糙。

图b,用线两端没有顿笔,且转角处线条无衔接,线条虚弱,没有力量感,用线拘束、萎缩。

图c,用线过实,画线时运笔再用力,但脱离轻重缓急的技巧,也会事倍功半,线条显得笨拙,没有精气神。

(2)画线要有虚实

画面通常具有"近实远虚"的规律,画线亦遵循此规律,建筑线稿手绘用线的虚实关系要注意以下两点。

■ 距离观察者最近的线条,要通过加实、加粗,或强调起点、收笔和转折点等方式予以加强;远处事物的刻画,线条渐次变细变虚,力度减弱。

■ 距离观察者最近的部分可通过深入刻画结构、质感、光影和明暗等细节,加强对比;远处的形体要逐渐概括,简化其各个方面的关系,削弱对比以达到近实远虚的空间效果。

●作者:王美达

如不从整体和空间关系入手构思画面，则常出现违背虚实规律的错误。

注意

右图画面线条强弱、虚实颠倒，细节刻画不考虑空间关系随意乱加，造成画面空间混乱，无着眼点。

（3）用线要有疏密

根据疏密相间的原理组织画面，并通过相邻物体用线疏密对比的强弱程度来表现画面的空间层次，可使画面达到主次分明、重点突出、空间有序的效果。

不经过整体构思而随意进行疏密设置，往往使画面层次混乱，重点不明确。

●作者：王美达

3. 怎样排线

　　排线是建筑线稿手绘技法中的重点之一，利用排线可以形成面，进而表现形体的明暗、光影和质感。排线的主要用法如下。

　　（1）当表现一个面的明暗渐变时，先从较暗的部分排密线，再逐渐将线条间距扩大，变疏，最后过渡到较亮的部分。

●作者：王美达

　　（2）当深入刻画一组形体的结构和光影关系时，可灵活利用线条的方向与疏密变化进行排线，表达建筑丰富的质感和光影关系，其具体排线技法主要分为以下三个方面。

　　▓ 仅利用垂直方向排线，表达形体的明暗与光影。

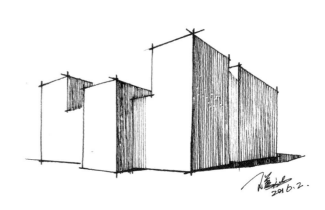

●作者：王美达

■ 利用水平、垂直方向排线，表达形体的明暗与光影。

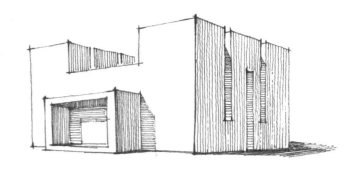

● 作者：王美达

■ 按照物体结构的方向排线，侧立面背光部用右上倾斜
45°角排线，可更好地表达形体的明暗与光影。

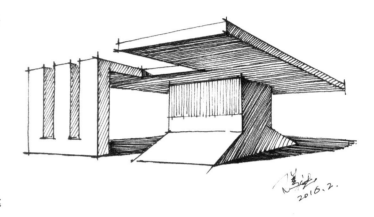

● 作者：王美达

（3）当表现不同材质时，应当选择合适的线型进行排线。

■ "席形纹"表现破旧的民居墙面。

● 作者：王美达

■ "小螺旋线"表现绿篱或植物的细节。

● 作者：王美达

■ 斜向划线表现玻璃光滑而坚硬的质感。

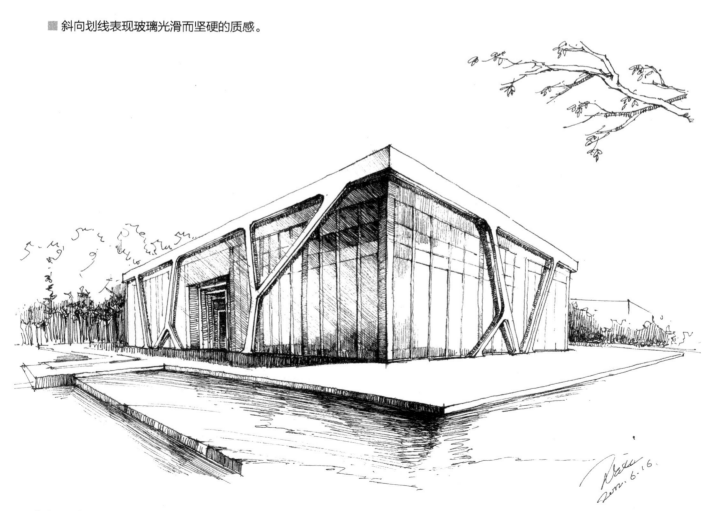

● 作者：王美达

4. 怎样练线

　　线条是"最吃功夫""最枯燥"的训练项目，是初学者练习手绘的第一课。这里为大家提供几种手绘线条的练习方法，以期在训练中帮助大家在一定程度上摆脱枯燥感，尽快提高徒手控线能力。

　　（1）划线练习

　　▨ 两点连线：选用 A3 规格（够大）的复印纸（经济），先在纸上任意角度点两个点（两点距离一定要远），之后用划线的方式连接这两个点。

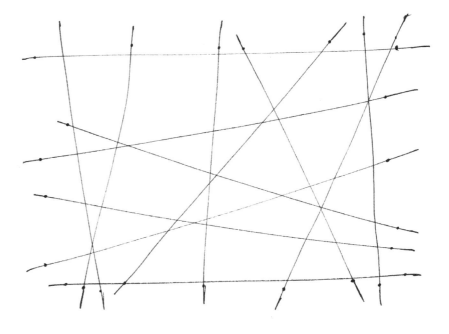

● 作者：刘胜禹

　　▨ 划线准确性训练。

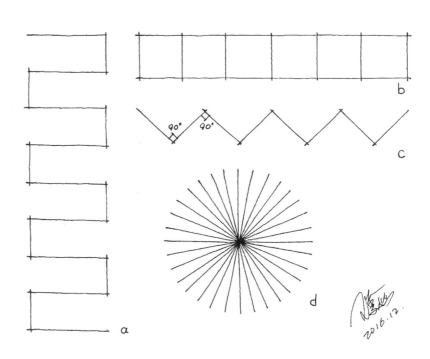

● 作者：王美达

■ 划线排线训练。

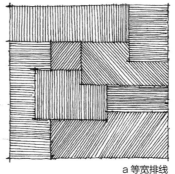

a 等宽排线　　　　　　b 过渡排线

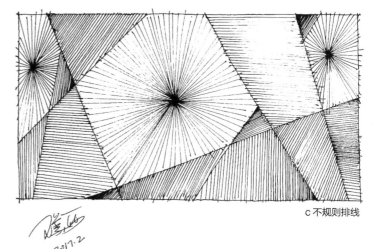

c 不规则排线

2017.2

● 作者：王美达

（2）拖线练习

■ 拖线准确性训练。

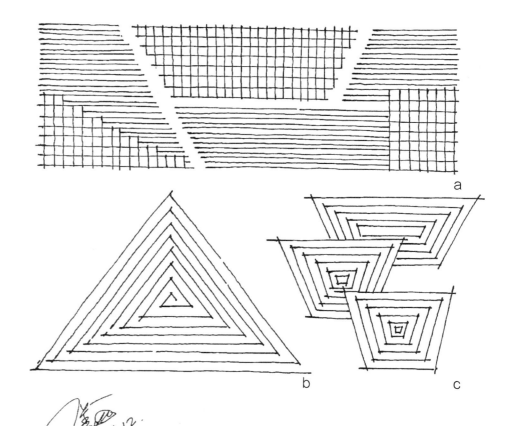

a

b

c

2016.12.

● 作者：王美达

■ 正方形载入训练。

步骤 01 用中性笔在纸面上徒手画出长方形外轮廓。

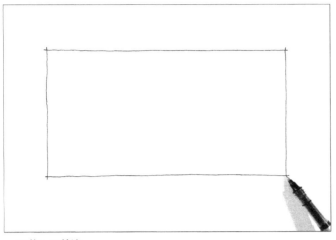

●示范：王美达

步骤 02 在长方形轮廓内，用中性笔按照一定的间距，画出所需载入正方形的顶边。全是水平线，要一气呵成地画出。

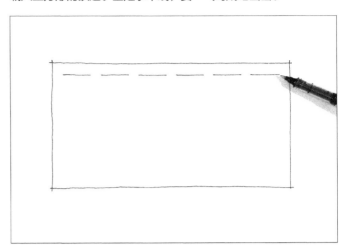

●示范：王美达

步骤 03 参照正方形的顶边长度，用中性笔画出每个正方形的左右两边。

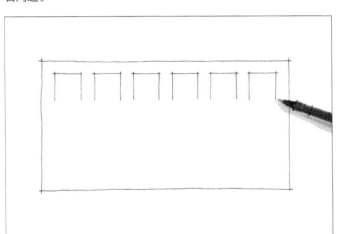

●示范：王美达

步骤 04 用中性笔同时画出第一行正方形的底边。

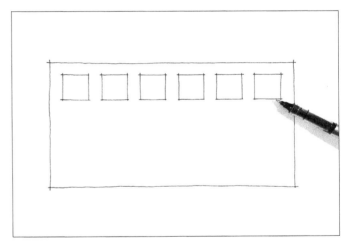

●示范：王美达

步骤 05 参照第一行正方形，用中性笔画出第二行、第三行正方形的所有顶边与底边。

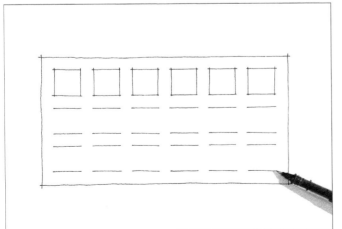

●示范：王美达

步骤 06 参照第一行正方形，用中性笔画出第二行、第三行正方形的侧边，直至完成。

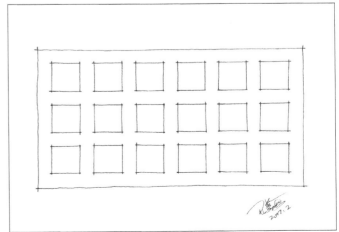

●示范：王美达

■ 拓图训练。

　　拖线线条绘制能力的提高，是手绘量变积累触发质变的过程，在进行大量基础线条训练之后，我们推荐初学者使用拓图法来提高拖线质量。具体拓图过程如下。

步骤 01 找到一张以拖线为主的手绘打印稿（最好为 A3 规格），将其固定在画板上，作为底图。

● 示范：王树平

步骤 02 将一张 A3 规格的草图纸蒙于底图之上，并用胶带固定好。

● 示范：王树平

步骤 03 直接用墨线笔在草图纸上描图，先画建筑的整体轮廓和配景轮廓，再进一步刻画建筑的主要结构。

● 示范：王树平

步骤 04 用墨线笔以排线的笔法，刻画建筑的墙面材质肌理和投影，并调节配景与建筑相邻部分的疏密关系。

● 示范：王树平

步骤 05 用一次性草图笔，加重画面需提炼的重色部分。

● 示范：王树平

步骤 06 拓图完成。

● 示范：王树平

其他领域的优秀线稿亦可作为拓图训练的素材。多进行不同内容的拓图训练，可提高初学者绘制线条的熟练度，亦可增加初学者对手绘的自信与兴趣，但这种练习仅为培养兴趣，不宜集中强化训练，每周适当抽出时间拓图两三张即可。

●图片引自连环画《薛仁贵征东》

●图片引自连环画《薛仁贵征东》

┃ 2.1.3　透视训练 ┃

透视是通过透明平面，观察、研究立体图形的发生原理、变化规律和图形画法的表现方法。就建筑手绘而言，透视是构建成图的依据，是一种科学性的体现，熟练掌握透视，并将其转化为自身的一种感觉、一种能力，可为建筑手绘打下良好基础。学习透视，首先必须理解透视的要素与类型。

1. 透视的要素

透视的要素主要分为视平线和灭点两个方面。

（1）视平线

就建筑手绘而言，视平线是观察者观看建筑场景时，与双眼所在高度形成的水平直线。灭点固定的情况下，建筑进深线距视平线的远近，决定建筑进深线的斜度。（见下图线 L）

（2）灭点

就建筑手绘而言，灭点是建筑及场景进深线延伸所产生的相交点，即消失点。灭点必须位于视平线上，其位置及数量的变化，决定建筑物的角度。（见下图点 O 和点 O'）

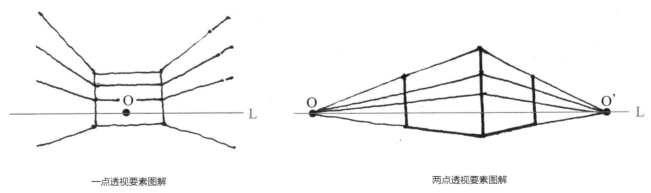

一点透视要素图解　　　　　　　　　　　　两点透视要素图解

●作者：王美达

2. 透视类型

（1）一点透视

一点透视也叫平行透视，是指当建筑的各个立面存在与画面平行的面时所产生的透视现象。

■ 一点透视的视角分析。

右图为平面视图，我们分别站在如图 A、B、C 三个位置，按照箭头的角度和方向观察建筑物时，都会产生一点透视现象。其具体透视现象参见下图。

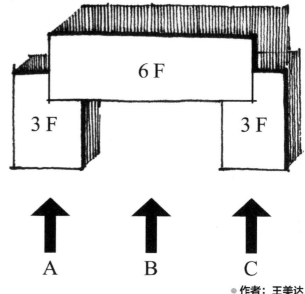

●作者：王美达

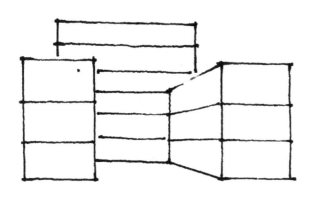

●A 视角透视图（作者：王美达）

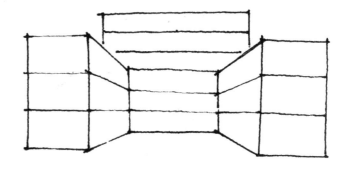

●B 视角透视图（作者：王美达）

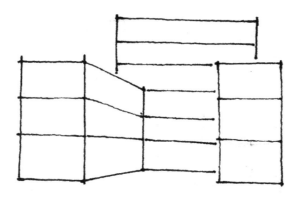

●C 视角透视图（作者：王美达）

■ 一点透视的训练模式及要点分析。

a. 训练模式：一点透视空间立方体训练。

在一张 A3 纸上，先在纸张纵向约 1/2 的位置画出视平线，之后在视平线中点画出灭点 O。开始画立方体，先画下正方形，然后将正方形各顶点与灭点 O 徒手划线连接，最后以正方形的边长为参照尺度，"目测截取"进深边的长度，形成一个立方体。按照该方法，将整张纸画满立方体。

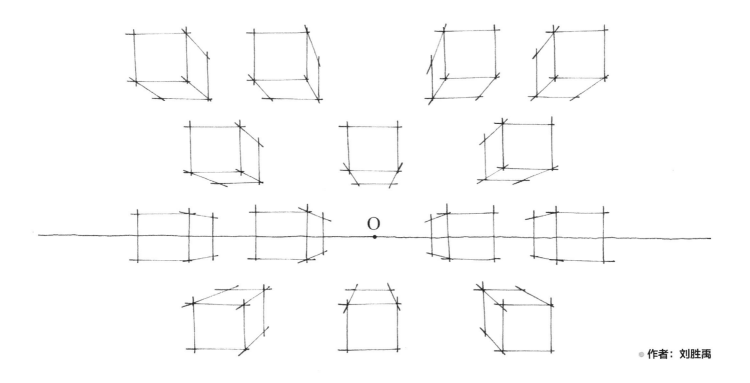

● 作者：刘胜禹

b.要点分析：根据一点透视的规律，在灭点 O 左侧的立方体画出右侧的面，反之亦然，且距离灭点 O 越远，侧立面将显得越宽。

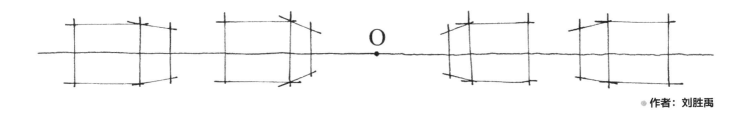

● 作者：刘胜禹

立方体在一点透视空间内与视平线的关系：被视平线穿过的立方体，不出现顶面与底面；在视平线之上的立方体，可看到底面，反之亦然。无论底面还是顶面，距视平线越远，显得越宽。

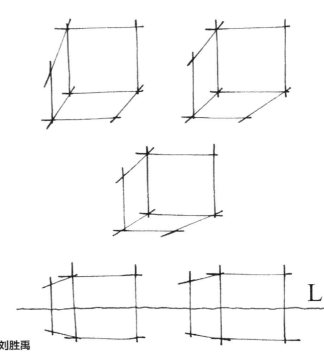

● 作者：刘胜禹

■ 一点透视空间立方体训练在建筑手绘中比例关系的应用。

在一点透视环境中，以视平线距地面的高 a 为单位长度，那么建筑的长度、进深、高度，都可以理解为是 a 的倍数。这样一个由长方体组合成的建筑，就可以看成是由若干个边长为 a 的立方体组合而成的（结合图中虚线辅助观察）。如果把 a 换算成一个成人的身高，或者是 2m，大家可以据此做出满足真实建筑尺寸比例的透视图，这样，我们的手绘就不仅仅是感性的，而是向科学性迈进了一步。

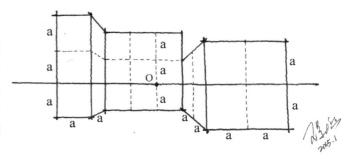

● 作者：王美达

（2）两点透视

两点透视也叫成角透视，指当建筑的各侧立面都不与画面平行时所产生的透视现象。

■ 视角分析。

右图为建筑平面图，我们分别站在如图 A、B 两个位置，按照箭头的角度和方向观察建筑物时，都会产生两点透视现象。其具体透视现象参见下图。

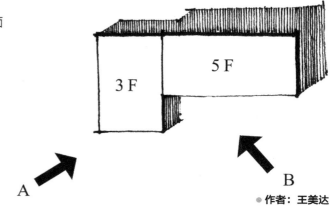

● 作者：王美达

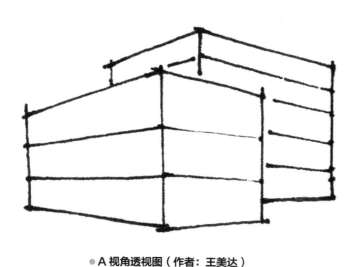

● A 视角透视图（作者：王美达）

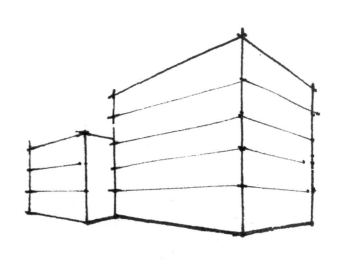

● B 视角透视图（作者：王美达）

■ 训练模式及要点分析。

a. 训练模式：两点透视空间立方体训练。

步骤 01 在一张 A3 纸上，先在纵向约 1/2 的位置画出视平线，之后在视平线两端点下灭点 O 和 O'。

步骤 02 开始画立方体，先画下一条垂线，即立方体距画者最近的竖边，我们将其称之为"最强转角线"。

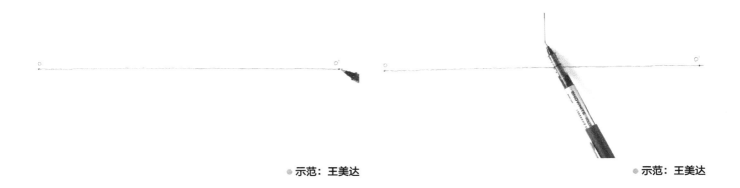

● 示范：王美达

步骤 03 将"最强转角线"的上下端点分别与 O 和 O'点连线。

步骤 04 以"最强转角线"的长度为参照，截取立方体的左右侧面。

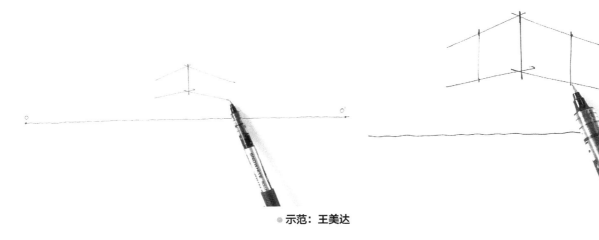

● 示范：王美达

步骤 05 按照两点透视规律，连线完成剩余面，形成完整的两点透视空间立方体。

● 示范：王美达

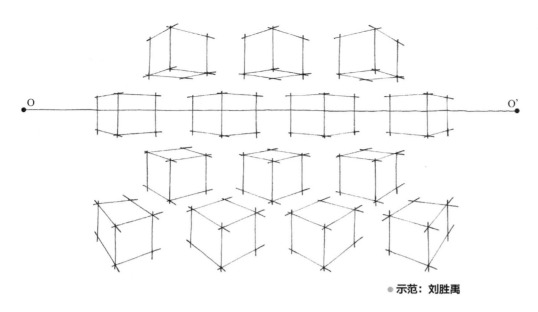

●示范：刘胜禹

b. 要点分析：两点透视立方体都具备"最强转角线"特征，如果视平线穿过立方体，则只能看到"最强转角线"左右的侧面，且距离一侧的灭点越远，相应侧面将显得越宽。

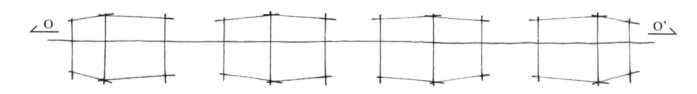

●示范：刘胜禹

位于视平线以上的立方体可见底面，反之亦然。

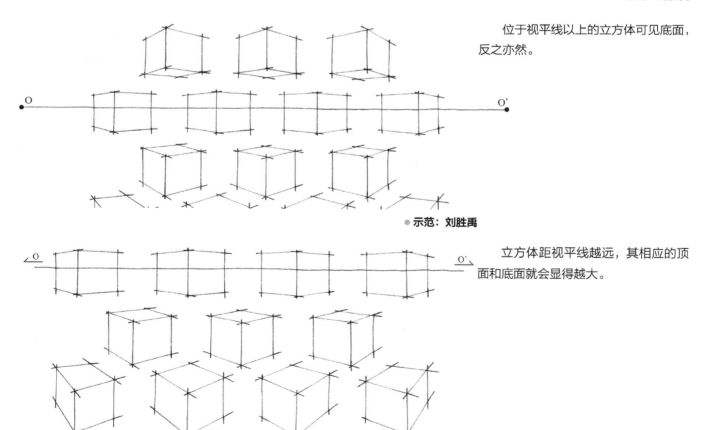

●示范：刘胜禹

立方体距视平线越远，其相应的顶面和底面就会显得越大。

●示范：刘胜禹

32

■ 两点透视空间立体训练在建筑手绘中比例关系的应用。

在两点透视环境中，以视平线距地面的高 a 为单位长度，建筑的长度、进深、高度，都可以理解为是 a 的倍数。这样一个由长方体组合成的建筑，就可以看成是由若干个边长为 a 的立方体组合而成的（结合图中虚线辅助观察）。如果把 a 换算成一个成人的身高，或者是 2m，大家可以据此做出满足真实建筑尺寸比例的透视图。

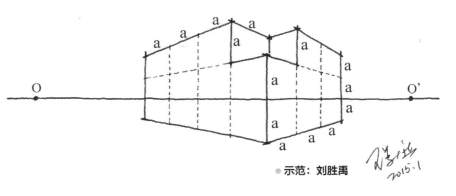

●示范：刘胜禹

（3）三点透视

从建筑手绘的角度来说，在成角透视的基础上，俯视或仰视超高层建筑时，会在建筑物的"地下"或"天上"产生一个灭点，即三点透视的第三点。作画时需将不同方向的结构线，准确地连接在相应的灭点上，才能构成三点透视的立体效果。

■ 透视规律。

当视平线高于物体时，产生"地灭点"O3，按照透视规律连接物体各边，可成为俯视图。

当视平线接近高层物体底边时，会产生"天灭点"O3，按照透视规律连接物体各边，可形成仰视图。

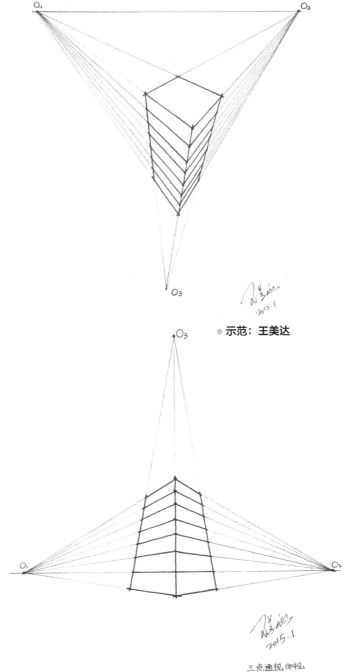

●示范：王美达

三点透视 仰视

●示范：王美达

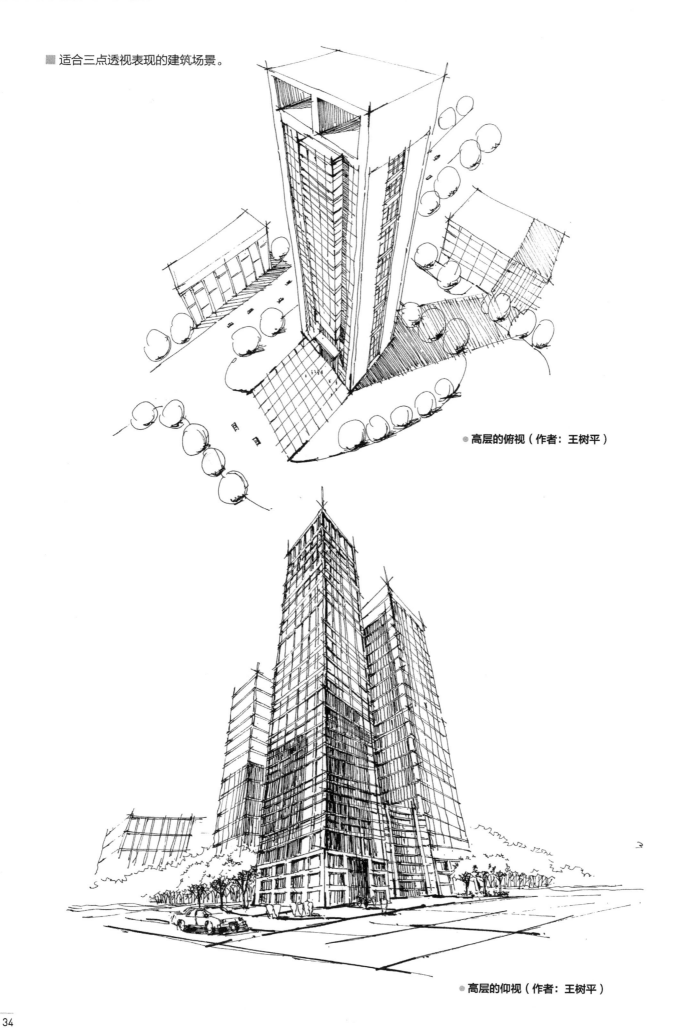

■ 适合三点透视表现的建筑场景。

● 高层的俯视（作者：王树平）

● 高层的仰视（作者：王树平）

3. 建筑手绘中视平线高度与视角的关系

（1）人视角

当视平线高度设为正常人的身高时（一般设置在距地面1.5m~2m），画面为通常我们站在建筑旁边观察建筑的视觉效果，这是建筑手绘中一种常用的透视角度，即平透视。

● 图中虚线为视平线（作者：王美达）

（2）犬视角

当视平线与地平线重合时，建筑底边形态会接近一条水平线，这种透视角度称为"犬视角"。画"犬视角"透视只需考虑视平线以上部分的透视关系，因此其难度较低，易于把建筑塑造得高大、壮观，但不利于表现空间凹凸变化过大的建筑造型。

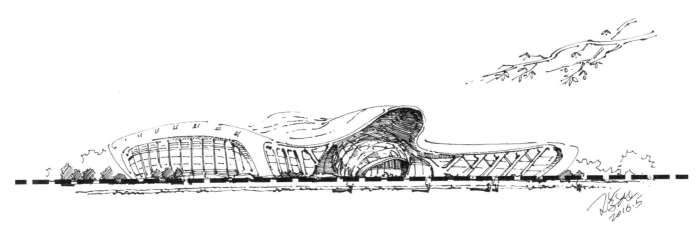

● 图中虚线为视平线（作者：王美达）

（3）半高鸟瞰视角

当视平线略高于建筑顶部形成的透视画面，通常称为"半高鸟瞰图"。这种视图，建筑顶面表现的内容较少，建筑立面和场地环境表现的内容较多，适合表达顶部变化不大，立面设计突出，景观效果丰富的群体建筑场景。

● 图中虚线为视平线（作者：刘胜禹）

（4）鸟瞰视角

当视平线高出场景内建筑最高点很多时（视平线可高于画纸最上边），形成的透视画面称为"鸟瞰图"。这种视图，可清晰地表达建筑顶部造型变化和丰富的场地环境，但建筑立面所表现的内容却不够充分。"鸟瞰图"适合表现建筑顶部造型突出，结构关系比较复杂，较大场景的单体或群体建筑。

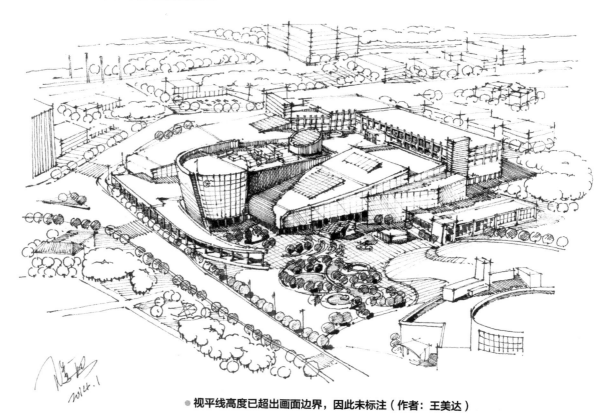

● 视平线高度已超出画面边界，因此未标注（作者：王美达）

4. 建筑手绘灭点定位的一般规律

（1）一点透视，灭点不要定位在画面正中央。尽量根据画面关系，定位在黄金分割点处。

● 作者：刘胜禹，样稿来源：卓越手绘

（2）两点透视平视图尽量一个点在画面内，一点在画面外。

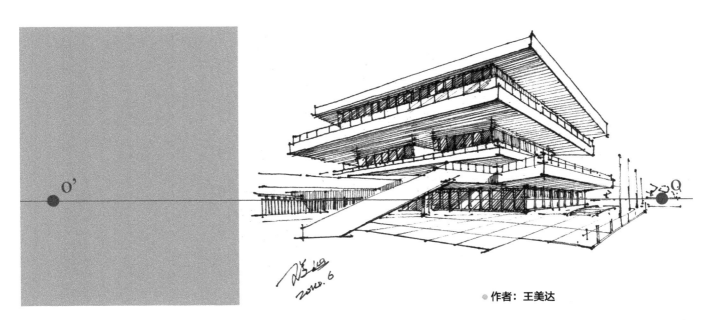

● 作者：王美达

（3）两点透视鸟瞰图，两点尽量都安排在画面外，两点距离远一些，建筑顶面距观者最近的夹角控制在110°左右，这样视觉具有冲击力，且能获得较为丰富的立面效果。

● 作者：王美达

| 2.1.4   造型训练 |

在掌握了基本透视规律的基础上，可以进行几何体造型组合训练，来提高我们对透视的掌控能力和对空间的理解能力。经总结，与建筑设计相关的几何体造型组合，可概括为以下四种常见形式，即增形、减形、排柱和排洞。

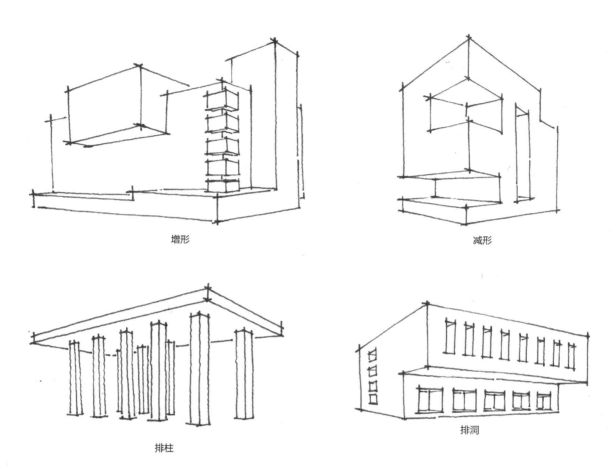

增形   减形

排柱   排洞

●作者：王美达

　■ 增形：在基础几何体块上增加不同的几何形体。手绘时要按照透视规律，先画出最内部的基础长方体，再逐一在其上增加其他立体造型。注意在增加几何形体时，要从造型体面相交处的线条入手，再以此为参照，画出相关造型的透视关系，直至完成。该训练可为建筑造型由简入繁的变化打下基础。

　■ 减形：在基础几何体块上"挖去"形体。手绘时要注意进深空间的结构与透视关系，该训练可开发建筑灰空间塑造的想象能力。

　■ 排柱：横向或竖向排列长方柱或圆柱体。手绘时需注意柱子上下端的位置，并要结合透视规律做到排列整齐。成排成列的立柱，是建筑的重要构件。

　■ 排洞：在基础几何体块上，整排、整列地"挖出"等大洞口。手绘时要注意每个洞口相同方向的线要统一画，不要一个一个画洞，这样才能将洞口对齐，且画得又快又好。该训练可为建筑立面窗洞口的表现打下基础。

1. 综合增形、减形、排柱和排洞等形式，进行一点透视几何体造型组合训练

（1）一点透视几何体造型组合训练步骤演示

步骤 01 用铅笔在纸上画出视平线和灭点 O。

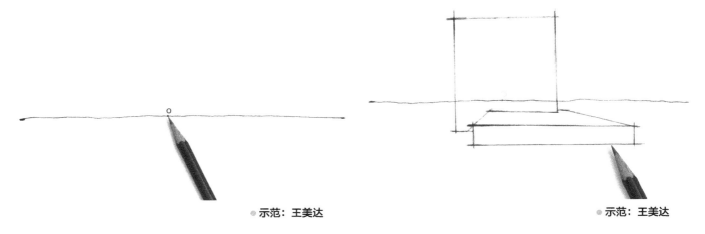

● 示范：王美达

步骤 02 将所画几何体块化零为整，用铅笔将化整后的体块，按照一点透视原理绘出。

● 示范：王美达

步骤 03 用水性笔按照先近后远的顺序，在之前体块的轮廓内绘制几何形体的细节结构。

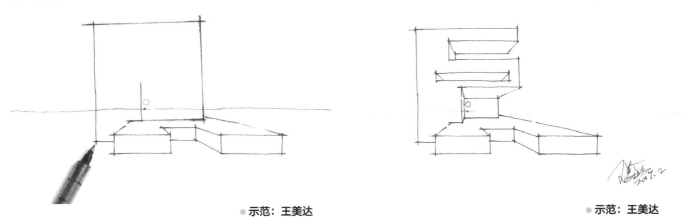

● 示范：王美达

步骤 04 保持住线条的力度与流畅度，直至完成。

● 示范：王美达

（2）一点透视几何体造型组合训练合集

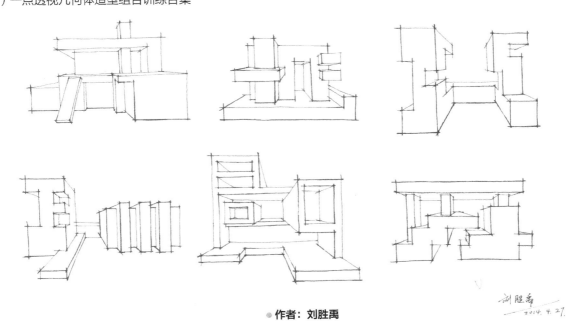

● 作者：刘胜禹

2. 综合以上四种形式，进行两点透视几何体造型组合训练

（1）两点透视几何体造型组合训练步骤演示

步骤 01 用铅笔在纸上画出视平线和灭点 O，另一灭点 O'超出画面，可将其记在心中。

步骤 02 将所画几何体块化零为整，用铅笔将化整后的体块，按照两点透视原理绘出，连向 O'点一侧的透视线，需参照视平线确定其斜度再画出。

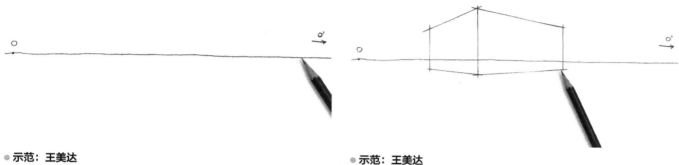

●示范：王美达

●示范：王美达

步骤 03 用水性笔按照先近后远的顺序，在之前体块的轮廓内绘制几何形体的细节结构。

步骤 04 保持住线条的力度与流畅度，直至完成。

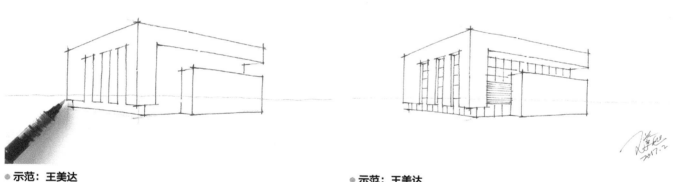

●示范：王美达

●示范：王美达

（2）两点透视几何体造型组合训练合集

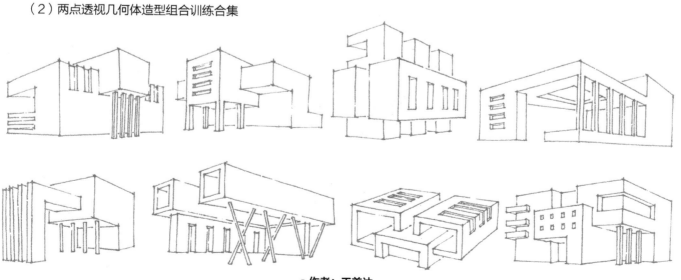

●作者：王美达

3. 门窗洞口是建筑立面上的重要元素，为了巩固建筑表现的基础，利用两点透视原理重点针对建筑门窗进行专项训练

（1）两点透视建筑窗洞造型步骤演示

步骤01 用铅笔在纸上画出视平线和灭点 O，另一灭点 O' 超出画面，可将其记在心中。

步骤02 用铅笔画出窗洞造型的轮廓。

● 示范：王美达

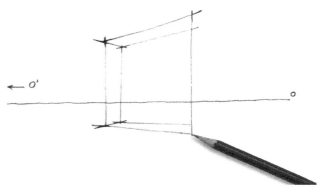

● 示范：王美达

步骤03 用水性笔按照先近后远的顺序，画出窗洞的主要结构。

步骤04 按照两点透视原理，用水性笔进一步画出窗洞边框的厚度。

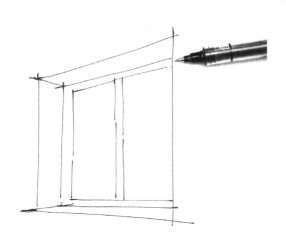

● 示范：王美达

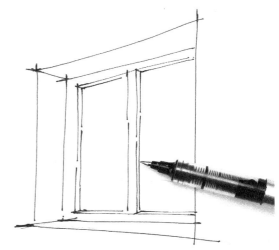

● 示范：王美达

步骤05 完成最终效果图。

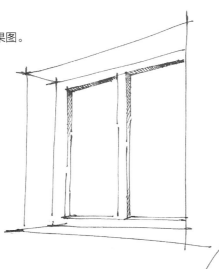

● 示范：王美达

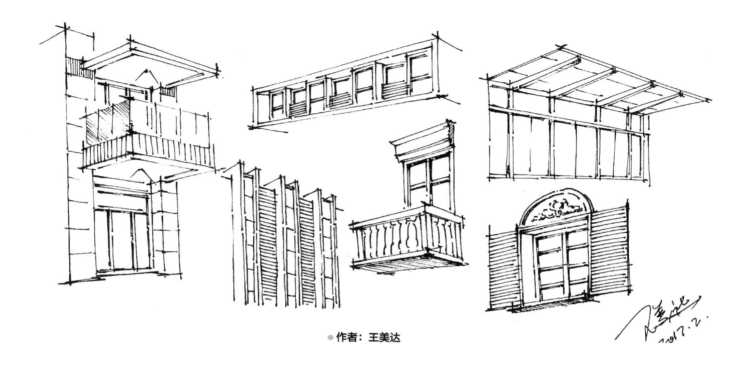

●作者：王美达

▍ 2.1.5　明暗与光影训练　▍

明暗与光影对于建筑手绘来说是必不可少的要素，尽管有时画面不需要表现建筑全部的明暗与光影关系，但有经验的手绘者都知道，对于画面来说，大到空间的推引、视觉中心的突出，小到线条的虚实、疏密、取舍，大多是以明暗和光影规律为依据的。

1. 几何形体的明暗关系

根据几何形体的素描关系，我们应该掌握不同的几何形体，在受到单一光源照射时，各个界面的形态变化与相互关系。

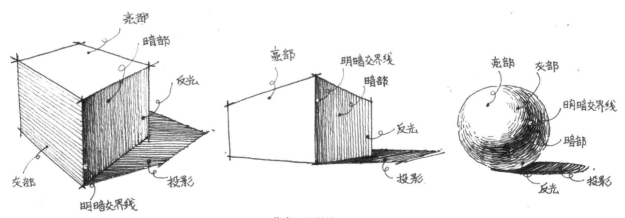

●作者：王美达

2. 组合形体的投影关系

当一组组合几何体块受到单一固定光源照射时，不同形体在不同角度光线的照射下会产生多样的投影形态。这里我们将从平面图、立面图和透视图三种视图的投影关系进行详解，希望对大家认识并掌握投影的基本规律有所帮助。

（1）平面图中的投影关系

通过几何体平面投影，我们可以判断其三维形态。

▨ 同样是正方形的平面，其不同形态的平面投影，将反映出不同的透视造型。该训练可为建筑造型由简入繁的变化打下基础。

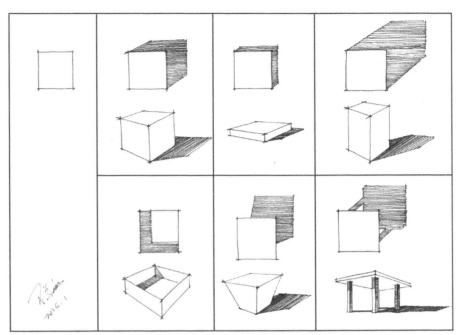

注意

每格内上图为平面投影图，下图为与之对应的透视图。

● 作者：王美达

▨ 组合体的平面图存在更多复杂的投影形态，与其对应的透视造型亦更加丰富。

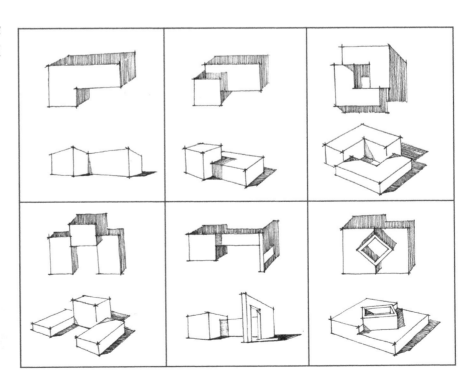

注意

每格内上图为平面投影图，下图为与之对应的透视图。

● 作者：王美达

（2）立面图中的投影关系

通过组合体立面的投影形态，可判断与其对应的透视造型与光影关系。

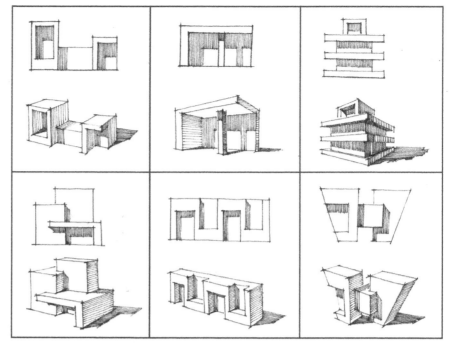

（3）透视图中的投影关系

在透视图中，投影变化是比较复杂的，但由于手绘具有快捷性和随意性的特点，我们在进行手绘时对投影的表达可以感性些，不需要过分严谨。手绘投影时，在保证其总体轮廓特征准确的前提下，可以适当进行概括。建筑手绘中常见的投影状态主要有以下三种。

■ 墙面投影。

下图中箭头代表光线照射方向，A'点为 A 点在墙面上的投影。

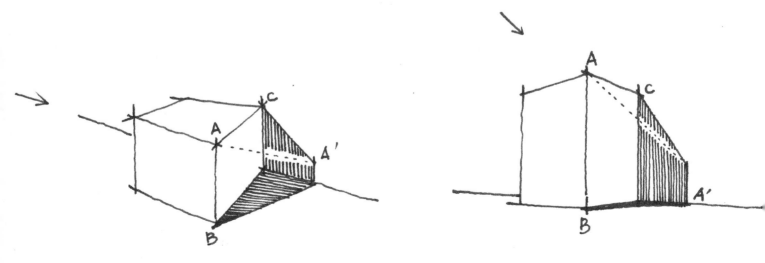

■ 地面投影。

下图中箭头代表光线照射方向，A'、B'、C'、D'、E'、F'点分别为 A、B、C、D、E、F 点在地面上的投影。

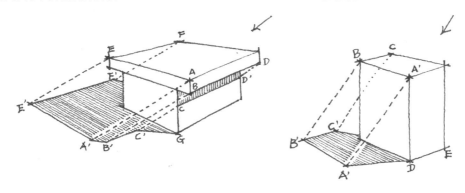

●作者：王美达

■ 洞口投影。

下图中箭头代表光线照射方向，A'、B'点分别为 A、B 点在墙面上的投影，该现象在手绘表现建筑门窗洞口的光影关系时尤为重要，可自行设计实验证明该投影规律。

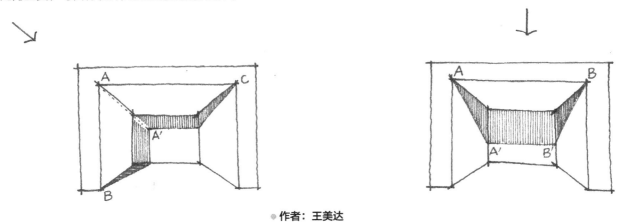

●作者：王美达

■ 组合几何形体在透视图中的投影表现步骤。

步骤 01 按照两点透视规律，用签字笔画出组合几何体的结构。

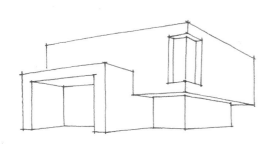

●示范：王美达

步骤 02 设置左上方箭头所示方向为光照方向，按照光影规律，用签字笔标记出几何体上受光各点的投影位置，再连接成线，构成投影区域的轮廓。

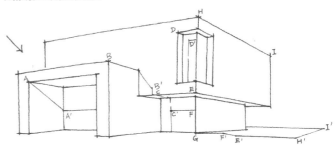

●示范：王美达

步骤 03 用较细的一次性针管笔，在投影区域内排线，注意利用线条的疏密关系对相邻的投影区域加以区分。

步骤 04 继续用一次性针管笔对组合体暗部进行排线，注意用线条的疏密表现明暗交界线到反光之间的微妙变化。

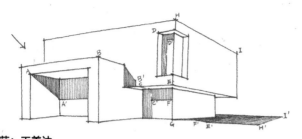

●示范：王美达

步骤 05 整理画面，完成最终效果图。

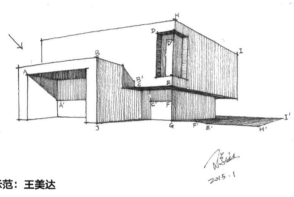

●示范：王美达

■ 透视组合体光影表现合集。

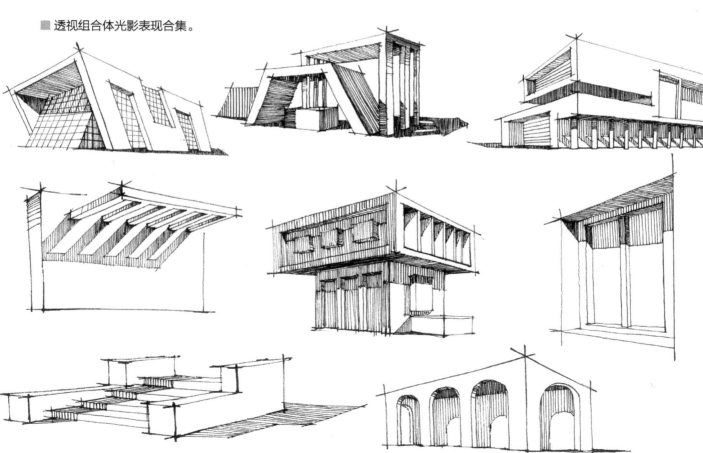

●作者：刘胜禹

2.2 配景训练

按照 2.1 节所讲的内容，我们可以根据透视规律，辅以明暗、光影完成一座完整建筑的手绘线稿。但是，一幅完整、生动的建筑手绘图，必须要有丰富、合理的配景与主体建筑搭配，才能达到理想效果。可见，配景表现训练是不可或缺的环节。通常来说，建筑配景主要包括树、人物、车辆和小品等。

| 2.2.1 树 |

树是建筑配景中最重要的内容，属于配景类的面式或线式要素，几乎每张建筑手绘图中都存在树。同时，树也是最难画的一项内容，由于树本身形态多变，且结构丰富，想要将其表现得自然、和谐，必须认真学习其结构，并辅以大量练习才能做到。

1. 树的基本结构

对于树的手绘表现来说，通常要掌握树冠、树干、树枝、树根及枝叶穿插处等几处结构的特征及画法，其基本结构参见下图。

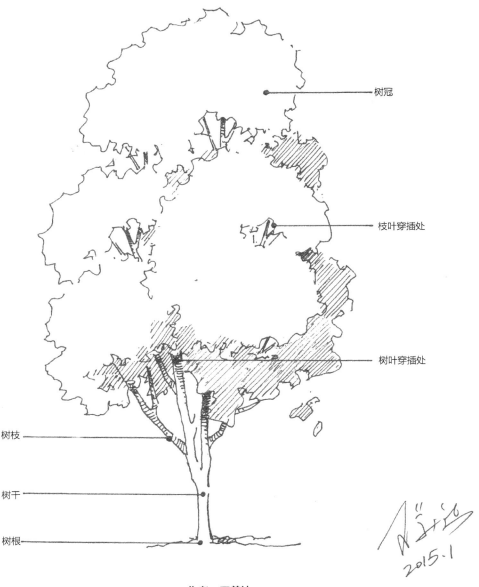

作者：王美达

（1）树冠结构

树冠是树种的主要特征，可将其理解为多个球体的组合，在组合时要注意球体相互间的遮挡关系，避免对称现象。

●作者：王美达

反例：初学树冠画法时常常出现以下错误。

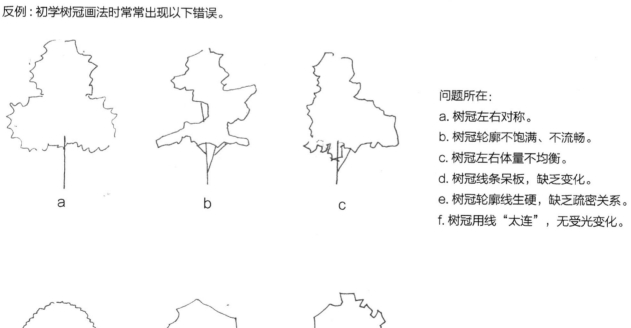

a   b   c

问题所在：

a. 树冠左右对称。

b. 树冠轮廓不饱满、不流畅。

c. 树冠左右体量不均衡。

d. 树冠线条呆板，缺乏变化。

e. 树冠轮廓线生硬，缺乏疏密关系。

f. 树冠用线"太连"，无受光变化。

d   e   f ●作者：王美达

（2）树干结构

　　树干是树冠的支撑，相当于树的"腿"，其形态由下而上逐渐变细，可微有曲度，亦可自由盘旋，造型丰富多变。绘制树干时要注意树干两条轮廓线呼应协调，使之有通畅感。常见树干形态如下图所示。

●**作者：王美达**

反例：初学树干画法时常常出现以下错误。

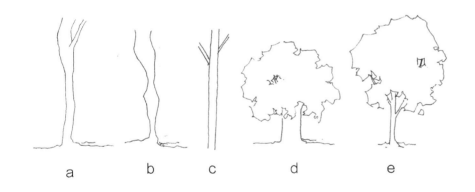

a　　　b　　　c　　　d　　　e

问题所在：

a. 树干上粗下细，不符合生长规律。

b. 树干左右两条线配合失调，局部肿胀，缺乏通畅感。

c. 树干笔直，无自然弯曲，僵硬呆板。

d. 树干过粗，与树冠比例失调。

e. 树干相对树冠位置较偏，树木左右体量不均衡。

●**作者：王美达**

（3）树枝结构

　　树枝是树干与树冠的过渡环节，也是手绘植物的重要细节所在。绘制树枝，要注意树枝与主干，分枝与主枝的前后关系的表达。树枝与树干、分枝与主枝衔接的位置关系如下图所示。

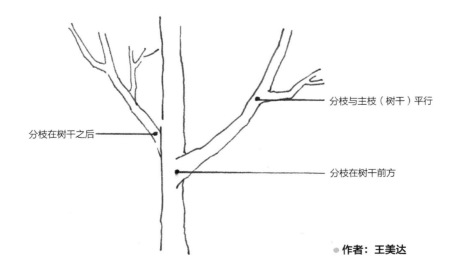

分枝在树干之后

分枝与主枝（树干）平行

分枝在树干前方

●**作者：王美达**

手绘树枝的要点如下。

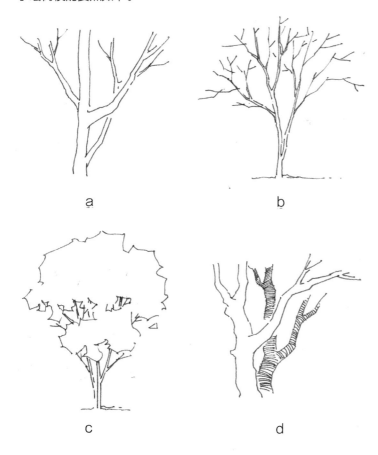

a

b

c

d

● 作者：王美达

a. 树枝要保持向上生长的态势，可尽量设置前后遮挡与穿插，丰富树枝的空间感。

b. 树枝向末梢逐渐变细，并由树梢构成整体比较流畅的轮廓。

c. 无独立主干的植物，其树干画法与树枝相似。

d. 树枝的前后关系可通过排线加以区分。

反例：初学树枝画法时常常出现以下错误。

a	b	c
d	e	f
g	h	

问题所在：

a. 树枝左右对称，呈"叉"形。

b. 树枝相对于树干位置均为平行关系，无前后变化。

c. 树枝转折机械僵硬，没有生长感。

d. 树枝比树干长得还粗。

e. 树枝生长势忽软忽硬，不统一。

f. 树枝长势忽上忽下，不统一。

g. 树干、树枝过渡不自然。

h. 树枝分叉形态过于重复。

● 作者：王美达

（4）树根结构

树根是整棵树与地面衔接的部分，要表现出树在地上破土而出的"生长感"。

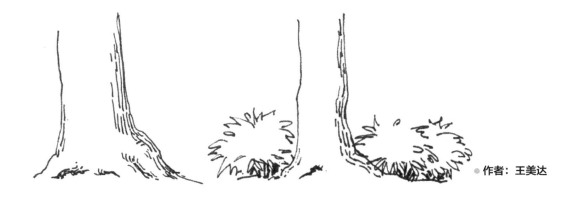

● 作者：王美达

反例：初学树根画法时常常出现以下错误。

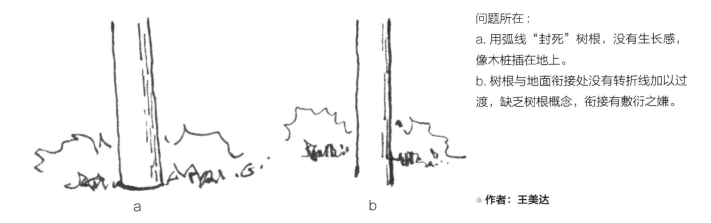

a   b   ● 作者：王美达

问题所在：

a. 用弧线"封死"树根，没有生长感，像木桩插在地上。

b. 树根与地面衔接处没有转折线加以过渡，缺乏树根概念，衔接有敷衍之嫌。

（5）枝叶穿插处

枝叶穿插处，是指树枝与树冠底部、树枝与树叶间隙衔接的部分，该部分是画树必不可少，却最容易忽视的环节。枝叶穿插处的刻画，有丰富树冠层次、平衡树冠体量、突出树木细节的作用，在表现时应使之与树的整体相协调。枝叶穿插处的具体位置如右图所示。

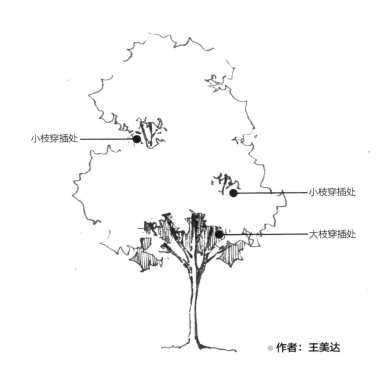

小枝穿插处

小枝穿插处

大枝穿插处

● 作者：王美达

■ 大枝叶穿插处。

大枝叶穿插处，即树枝与树冠底部衔接的枝叶穿插部分。该部分在手绘时，可主观地把树冠底部分为亮部和暗部两个层次，而树枝恰好可以穿插在亮部与暗部的交界处。在结构绘制完毕后，可适当在树枝顶部用草图笔加重，以表示树冠底部在其上的投影。

●作者：王美达

反例：初学手绘大枝叶穿插处时常常出现以下错误。

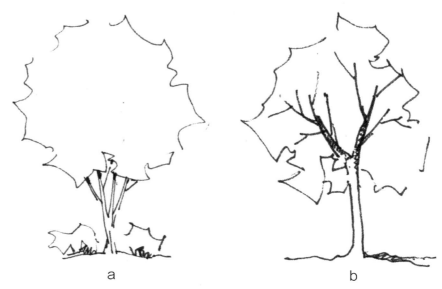

a   b

●作者：王美达

问题所在：

a. 树冠底部没分亮部与暗部，树枝与树冠的衔接缺乏立体感。

b. 树枝完全不受树冠的遮挡，使枝叶分离，脱离实际。

■ 小枝叶穿插处。

小枝叶穿插处，即树冠中由于树叶局部稀疏而树枝部分外露而形成的树叶间隙。手绘小枝叶穿插处的时候，要注意以下几点。

a. 分枝与主枝的对齐关系，右图虚线部分代表分枝与主枝对齐方向的一致性。

●作者：王美达

反例：分枝与主枝无对应，会使树的生长结构有矛盾感。

● 作者：王美达

2015.3

b. 枝叶穿插处应上密下疏。

● 作者：王美达

2015.3

反例：枝叶穿插处上下端没有疏密区分，使该处显得平面化，无立体感且不自然（右面左图）；枝叶穿插处的树枝未按照主枝干的生长规律画，使该处脱离整体，欠缺协调感（右面右图）。

● 作者：王美达

2015.3

c. 枝叶穿插处要根据树冠的体量均衡关系设置其位置与数量，使树冠左右平衡。

反例：枝叶穿插处不顾及树冠的平衡与疏密关系，盲目设置，会使树冠显得破碎、凌乱。

●作者：王美达

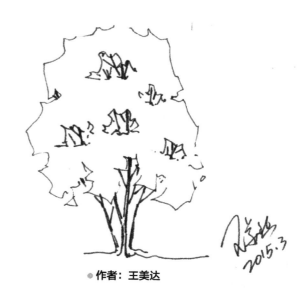

●作者：王美达

2. 建筑手绘的常规构图及相应树的形态

对于建筑手绘的构图来说，最理想的状态是中景、前景、背景共存的构图模式，次之为中景、背景共存的构图模式。下面我们将分别对中景、前景、背景的内容进行具体介绍，并针对其相应位置树的形态进行讲解。

（1）中景——画面的主体，对于建筑透视图来说，通常以建筑为中心，结合其周边绿化、景观、人和车等共同构成。其主要作用在于：构建画面的视觉中心。对中景的刻画要翔实、深入、丰富。

处于画面中景位置的树叫作中景树，在建筑手绘中以单棵树最为常见，参见下图中 1 号透明区域。

（2）前景——颇具园林设计中"借景"的意味，指的是画面中离观者最近，且与画面主体保持一定距离的画面部分。其主要作用在于：强调画面层次，引导主体。对前景的刻画要有完整的轮廓，具备一定的细节，但其翔实程度不能超过中景。

处于画面前景位置的树叫作前景树，在建筑手绘中以半树或角树最为常见，参见下图中 2 号透明区域。

（3）背景——画面中景之后的部分，通常在地平线后面。其主要作用在于：推进画面层次，衬托中景。对背景的刻画要概括，虚化处理，其翔实程度不能超过前景，且远弱于中景。

处于画面背景位置的树叫作背景树，在建筑手绘中以树丛最为常见，参见下图中 3 号透明区域。

●作者：王美达

3. 中景树——单棵树的画法

（1）常规树的画法

本书所讲的常规树，主要指我国北方常见的一些树种，如槐树、榆树和杨树等。常规树的线稿手绘可分为用线画树、用点画树、用面画树三种方法。

▨ 用线画树。

构成元素：北方常见树种的树叶多数较细碎，其外形有一定的相似性，因此我们常用"万能线"手绘表达其树冠形象。另外，"万能线"不仅适合表现树冠，还适合表现灌木、地被和草皮等植物的主要形态。

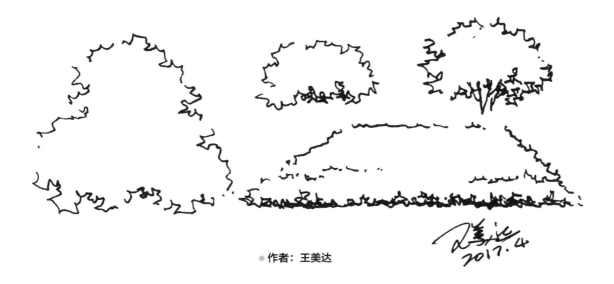

●作者：王美达

用"万能线"画树的步骤如下。

步骤 01 用铅笔以球体组合的形式，画出树的基本轮廓，注意要在树冠底部留出"凹槽"，以备树干、树枝穿入该处。

步骤 02 设定光源在左上方，用水性笔以"万能线"画出树冠的轮廓，注意受光部线条多断开些，背光部线条尽量连贯。

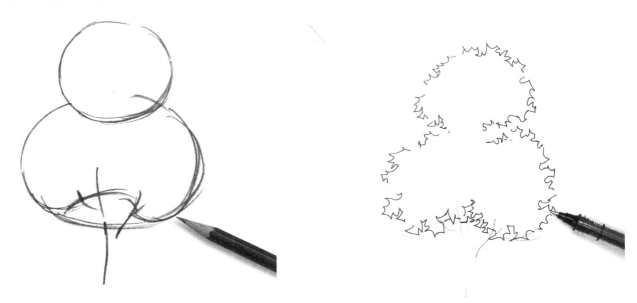

◦示范：王美达

◦示范：王美达

步骤 03 用水性笔画出树干和主要树枝。

● 示范：王美达

步骤 04 用水性笔为该树增加枝叶穿插处。

● 示范：王美达

步骤 05 调整画面关系，完成最终效果图。

● 示范：王美达

■ 用点画树。

构成元素：这里所讲的点，通常是指短线或类似于具体树叶形态的点。用这些点状元素按照树冠轮廓进行组合，便可形成较为生动的树木。

● 作者：王美达

用点画树的步骤如下。

步骤 01 用铅笔迅速画出树冠的基本轮廓，树干、树枝的长势，以及枝叶穿插处的位置。

● 示范：王美达

步骤 02 设定光源在左上角，用水性笔以小三角形为元素，根据受光的明暗关系，画出树冠的轮廓。

● 示范：王美达

步骤 03 用水性笔以小三角形为元素堆积，加强树冠暗部。

● 示范：王美达

步骤 04 用水性笔画出树干和主要树枝，再用一次性草图笔加强树枝背光线。

● 示范：王美达

步骤 05 调整画面关系，完成最终效果图。

● 示范：王美达

注意

该类型树的画法在表现型线稿手绘中经常使用。

■ 用面画树。

构成元素：这里所讲的面，是用一定形态元素的点大量堆积起来而形成的面。在树冠轮廓范围内，用这些点状元素组成的面，充实树冠结构与层次，可形成较为写实的树木。

●作者：王美达

用面画树的步骤如下。

步骤 01 用铅笔以球体组合的形式，迅速画出树的基本轮廓，注意球体的前后遮挡与左右体量感的平衡，再以单线画出树干、树枝及枝叶穿插处的基本位置和结构。

●示范：王美达

步骤 02 用签字笔以自由曲线的形式画出树冠、树干及树枝的轮廓，注意树冠外形的凹凸变化。

●示范：王美达

步骤 03 设定光源在左上角，用签字笔以自由曲线的形式画出树冠明暗交界线的位置。

步骤 04 用签字笔以小螺旋线的形式，对树冠的暗部进行大面积的"填充"，树冠受光部留白。

● 示范：王美达

● 示范：王美达

步骤 05 用签字笔以小螺旋线的形式，加深树冠明暗交界线和较暗部分。之后，用单线画出树干和树枝受光部分的线条。

步骤 06 用一次性草图笔以粗实线加强树干及树枝暗部线条，使之更具立体感。

● 示范：王美达

● 示范：王美达

步骤 07 用高光笔提炼树干和树枝的亮部，特别是枝叶穿插的部分。

步骤 08 调整画面关系，完成最终效果图。

● 示范：王美达

● 示范：王美达

注意

该类型树的画法在精细线稿手绘中经常使用。

（2）特定植物的画法

本书所讲的"特定植物"，是指松树和棕榈树等有鲜明特征的树种，这些树运用在建筑手绘中，可改善相似树种平淡的情况，为画面增色不少。

■ 红松的手绘表现。

步骤 01 用铅笔单线迅速画出树干和树枝的基本轮廓，注意把握树干左右树枝平衡且不对称、不重复的节奏感。

步骤 02 用签字笔画出树干和树枝的轮廓，注意树干到树枝，树枝到末梢粗细的渐变，以及用笔适当顿挫，体现该树的沧桑感。

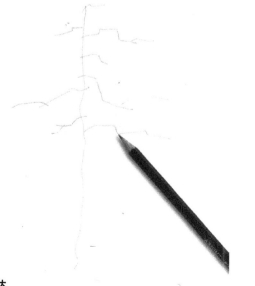

● 示范：王美达

● 示范：王美达

步骤 03 用签字笔为松树添加松针，注意要成组画，每组松针底部要与树枝有所连接。

步骤 04 用签字笔以短线的形式，配合树干的生长方向用拖线刻画树干上的树皮纹理。适当加重距观者较近的树枝与树干交接处的投影，使该类树枝有前进感，生长在树干之后的树枝，可适当对其排线，给人以后退感。

● 示范：王美达

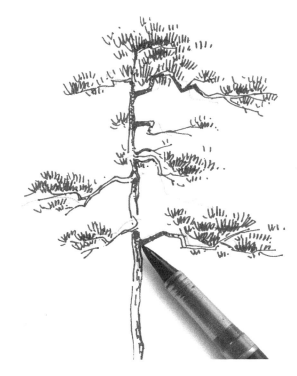

● 示范：王美达

步骤 05 调整画面关系，完成最终效果图。

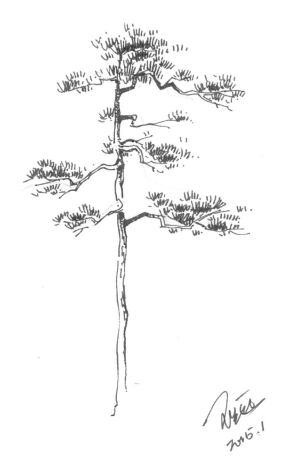

● 示范：王美达

■ 雪松的手绘表现。

步骤 01 用铅笔以单线迅速画出树的基本轮廓，注意树冠的左右结构需平衡且不对称。

● 示范：王美达

步骤 02 用签字笔以短曲线画出树冠的轮廓，注意每组树叶顶部受光面要一笔带过，底部暗面适当密排短线，再画出树干与树根落地的部分。

● 示范：王美达

步骤 03 用签字笔以短排线为树冠的暗部丰富层次，从树冠顶部到底部线条逐渐加密。注意画短线时要使线条方向与树叶长势一致。

● 示范：王美达

步骤 04 调整画面关系，完成最终效果图。

● 示范：王美达

■ 棕榈树的手绘表现。

步骤 01 用铅笔以球体组合的形式，迅速画出树的基本轮廓，注意球体的前后遮挡与左右体量感的平衡，再以单线画出树干的基本位置和轮廓。

步骤 02 用签字笔以锐角发射线的形式，画出棕榈树特有的树叶结构，注意参照之前的球体位置，先画靠前的叶片，再画靠后的，近大远小，形成相互遮挡的层次关系。

● 示范：王美达

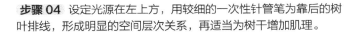

● 示范：王美达

步骤 03 用签字笔画出树干轮廓与树根接地结构。

步骤 04 设定光源在左上方，用较细的一次性针管笔为靠后的树叶排线，形成明显的空间层次关系，再适当为树干增加肌理。

● 示范：王美达

● 示范：王美达

步骤 05 根据棕榈树的受光关系，用一次性草图笔加重树叶与树干的背光结构，增加立体感。　　**步骤 06** 调整画面关系，完成最终效果图。

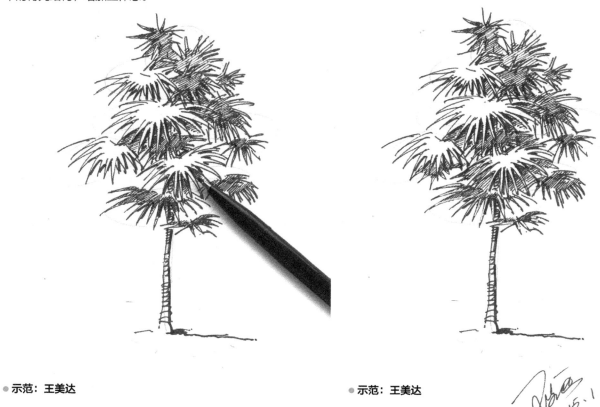

●示范：王美达　　　　　　　　　　　　　　　　　　●示范：王美达

（3）中景树的线稿手绘写生训练

　　中景树的塑造手法应与主题建筑的表现方式相协调，为了将中景树画得更自然、更生动，训练时应进行一些实景写生，对树的结构、长势加深理解，并努力形成自己的创作语言，能够做到随手画出。以下几幅中景树线稿手绘为写生作品，可供临摹借鉴之用。

●作者：王美达

4. 前景树——半树、角树的画法

半树与角树，在建筑手绘中常处于前景位置，其表现需尽量写意，形体概括，对比强烈，进而更好地引导与突出中景。

（1）半树

半树，顾名思义只需画出单棵树从树冠中下部到树根接地的位置。在构图上常占据画面一侧，半树的树冠部分几乎填满画面一角。

步骤 01 训练手绘半树，并非单纯为了画树，还需掌握画面中半树与主体建筑之间的关系。因此，本项训练我们先用中性笔按照两点透视的规律，在纸面上画出示意建筑体量的长方体（注意构图大小适度），再在建筑后方画下地平线（地平线为中景与背景的分界线，通常为低于视平线而高于建筑落地点的水平线），画面左侧多留一些空间，以备画前景半树。

步骤 02 用铅笔在画面左侧迅速而简略地画出半树的轮廓，注意树冠部分底部要为树干树枝的穿插留出"凹槽"，树冠右侧要画出朝向建筑顶部结构线的尖角，构成对比关系。树根的落点要比建筑靠前，但不要距离建筑过远。

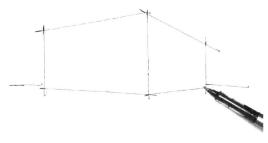

● 示范：王美达

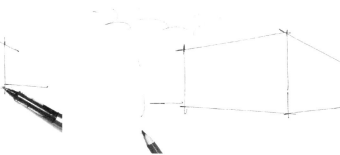

● 示范：王美达

步骤 03 用中性笔画出树冠、树干、树枝和树根的轮廓。

步骤 04 用中性笔先画出树冠暗部的轮廓线，再用竖向排线将树冠暗部排满，形成层次效果。

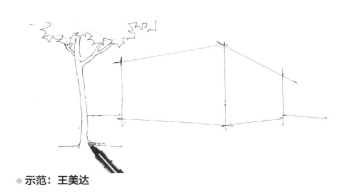

● 示范：王美达

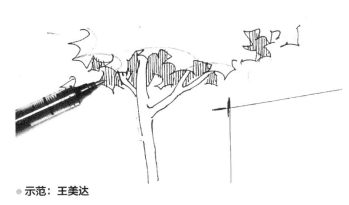

● 示范：王美达

步骤 05 用中性笔加重大枝叶穿插处树枝与树干的顶部投影，注意线条的疏密过渡。

步骤 06 用中性笔在树根部加上几株小型植物，丰富画面。总体调整画面关系，完成最终效果图。

● 示范：王美达

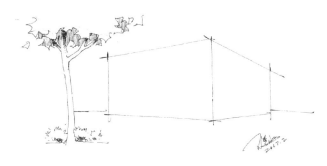

● 示范：王美达

（2）角树

角树，在构图中常占据画面的左上角或右上角，可分为以枝为主的角树和以叶为主的角树。

步骤 01 结合训练手绘半树的经验，本次训练我们可以直接用中性笔，在画面中按照两点透视的规律，画出示意建筑体量的长方体及地平线。在画面的右上角画出角树的主枝走向，注意要先从树梢画起，折弯不必过多，2~3折足以。

步骤 02 用中性笔深入刻画角树树枝，注意树梢为单线且要有延伸感，树枝形体要流畅、贯通，在折弯处可适当增加小树枝。

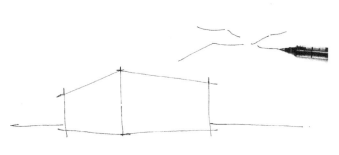

● 示范：王美达

● 示范：王美达

步骤 03 用中性笔在树梢部分画少许树叶，注意树叶可按照"人""个""介"字形画，树叶要有近大远小的变化，且需前后遮挡组合。

步骤 04 用中性笔为靠后的树枝适当增加排线，以区分两条主枝的前后关系。调整画面，完成最终效果图。

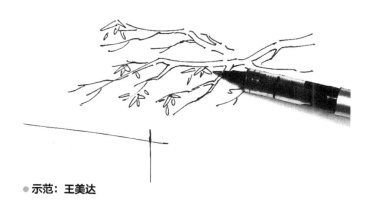

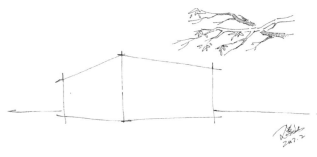

● 示范：王美达

● 示范：王美达

（3）前景树的线稿手绘写生训练

以上所演示的前景树刻画方法，是根据手绘经验总结出的一些模式化画法，为了加强初学者对树枝、树干及树叶之间关系的形象化认识，大家可多进行该类题材的实景写生练习。下页图为半树和角树的写生作品合集，可供参考。

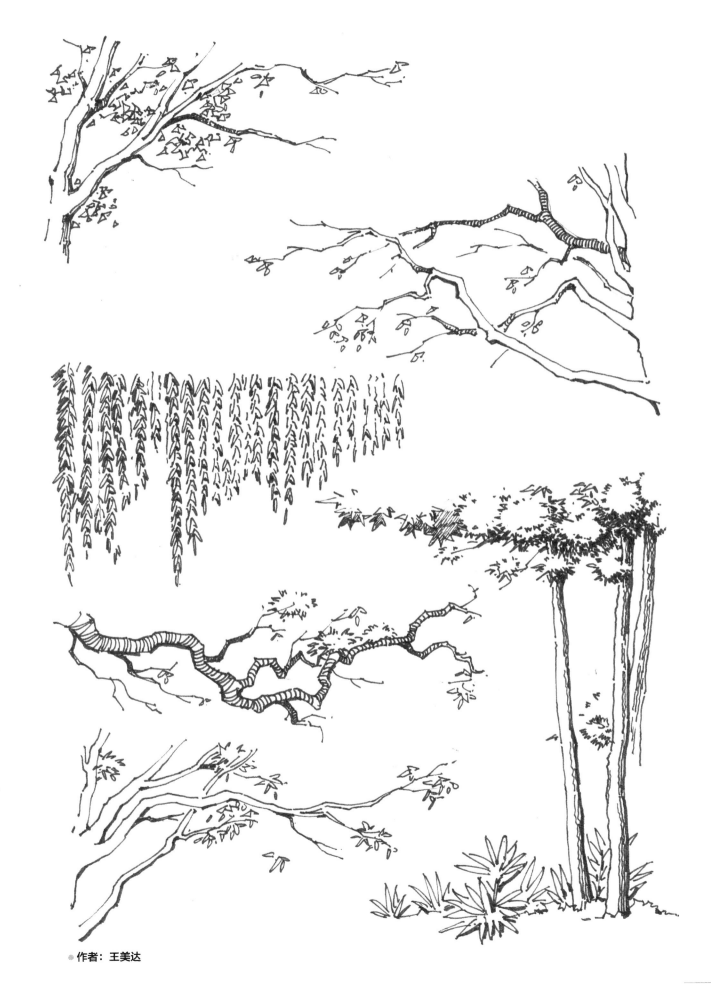

作者：王美达

5. 背景树——树丛的画法

建筑手绘图中表现背景最有效的方法就是利用成片的树丛，掌握这种画法即可在短时间内将画面变得丰富、充实。背景树具体可分为：万能线背景树、排线背景树及重色背景树三种画法。

（1）万能线背景树

以万能线为主要表现手段的背景树，重在强调背景树丛的轮廓与结构，形式概括、易于上手、可迅速丰富画面背景，具体表现步骤如下。

步骤 01 直接用中性笔在画面中按照两点透视的规律，画出示意建筑体量的长方体及地平线（下图采用犬视角视图，视平线与地平线重合）。

步骤 02 用中性笔在建筑后方用万能线画出背景树的轮廓。

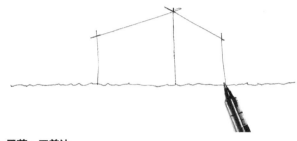

● 示范：王美达

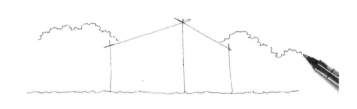

● 示范：王美达

步骤 03 用中性笔先画出地平线上方的低矮植物轮廓，再画出其后方高大乔木树冠的底部轮廓，注意用线要有起伏虚实的变化，追求自然灵活。

步骤 04 背景树丛低矮植物轮廓线上部与高大乔木树冠下部轮廓线之间形成一个间隙区域，我们需用中性笔在该间隙区域画出密排的树枝，注意方向要有轻微变化，避免重复，不要过密。

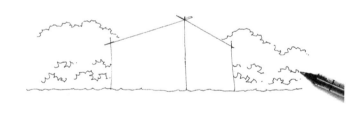

● 示范：王美达

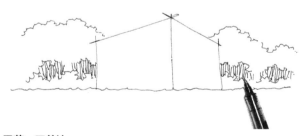

● 示范：王美达

步骤 05 整理画面，完成最终效果图。

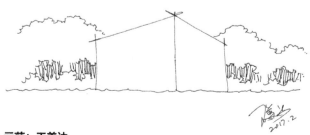

● 示范：王美达

万能线背景树在建筑线稿手绘表现中的应用如下。

●作者：王美达

（2）排线背景树

以排线为主要表现手段的背景树，旨在表达一种灰色调、模糊的背景树丛，以此来衬托中景建筑。手绘该部分时，要用较细的墨线排线，树丛内部构造点到即可，不需深入刻画，尽量追求模糊、成片的感觉。

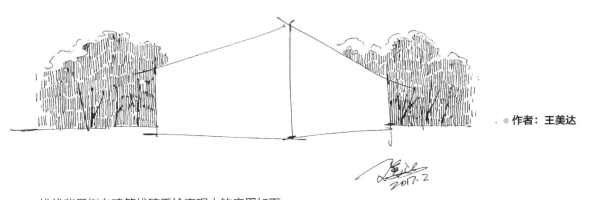

●作者：王美达

排线背景树在建筑线稿手绘表现中的应用如下。

●作者：王美达

（3）重色背景树

以重色为主要表现手段的背景树，旨在用极暗色调表现成片的背景树丛，用大面积的重色来衬托适当留白的中景建筑。手绘该部分时，要用较粗的黑色马克笔或草图笔按照背景树的轮廓大胆排笔，形成一片黑色背景即可，注意黑色的背景树与中景建筑的边缘靠线务必要齐。之后，可用高光笔在黑色背景上利落地画几条树枝，打破其沉闷感。

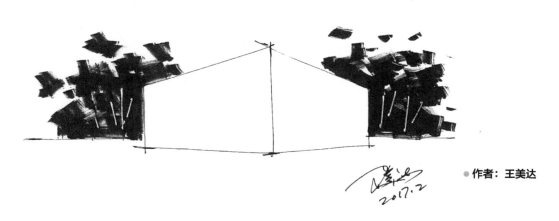

●作者：王美达

重色背景树在建筑线稿手绘表现中的应用如下。

●作者：王美达

6. 植物组合线稿写生

  植物组合的手绘训练，主要为加强手绘学习者对植物的综合理解与表现能力，属于植物表现的进阶画法，大家可多进行该类题材的实景写生练习。下图为成组树的写生作品合集，可供参考。

● 作者：李尚

● 作者：王美达

| 2.2.2　人 |

　　人物在建筑手绘中属于配景类的点式要素，主要起注释环境的使用功能、活跃画面空间和烘托场景气氛的作用。在建筑手绘中，由于比例关系的限制，对人物的处理不必太精细，只需勾勒其轮廓特征示意即可。

1. 人体基本结构
　　人物的概括要以其基本结构为基础，我们可以用圆形和简单曲线概括人体基本结构和比例关系，进而体会人物在不同动态中身体各部分的结构变化。

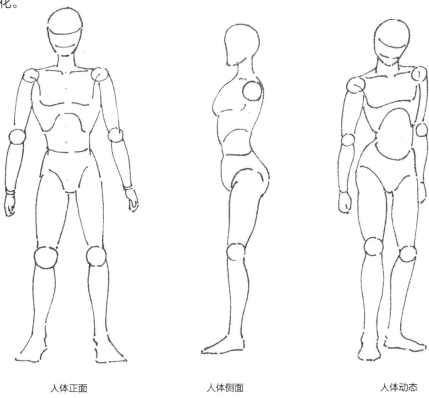

人体正面　　　　　　　　　　人体侧面　　　　　　　　　　人体动态

● 作者：王美达

2. 人在建筑画中的比例
　　人物在建筑手绘中还具有参照物的作用，在同样大小的建筑面前，人物的大小直接影响建筑物的比例关系。因此，在建筑手绘中，人物的比例必须参考建筑物的大小。

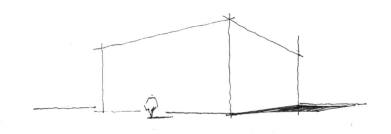

● 作者：王美达

3. 简笔人物画法

在建筑手绘中，为了突出人物"点状"的特征和个性化的表达，往往把结构复杂的人物进行高度的概括与夸张，形成适应于建筑场景的，易于大量绘制的，且具有一定风格的简笔人物。建筑手绘中的简笔人物有多种画法，手绘者只需熟练掌握少许几种即可应用，本书为大家提供以下几种不同风格与动态的简笔人物，仅供参考。

● 作者：王美达

● 作者：王美达

74

4. 建筑场景中简笔人物组合训练

我们训练建筑手绘的简笔人物，不能只满足于会画其造型，更为重要的是在建筑场景中要为人物找到准确的比例与合理的位置。本练习将在模拟的建筑场景里训练手绘简笔人物，其步骤如下。

步骤 01 用中性笔在纸面上先画出视平线和灭点，再按照两点透视规律画出示意建筑的长方体，最后完成地平线的绘制，模拟建筑场景。

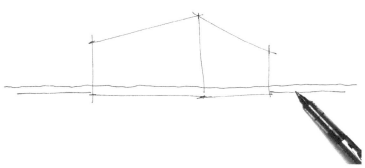

● 示范：王美达

步骤 02 用中性笔画出简笔人物，注意人物的头要"顶住"视平线，只有这样才能使人物拥有正常人的身高。

● 示范：王美达

步骤 03 用中性笔在场景中画出大量简笔人物，注意人物的头"顶住"视平线，要画出人物前后遮挡关系，每个人的动作尽可能灵活，不要重复。

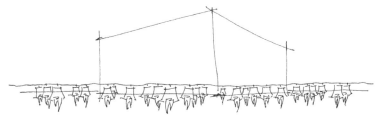

● 示范：王美达

5. 较具象人物的画法

在表现建筑局部场景或较低建筑时，人物占比会较大，这时可以选择一些较具象的人物作为配景。为方便读者临摹，本书提供一些较具象人物手绘合集，以供参考。

● 作者：王美达

●作者：王美达

| 2.2.3 车 |

车辆在建筑手绘中与人物同样属于配景类的点式要素，其主要作用也是活跃画面空间和烘托场景气氛。作为建筑配景，车辆与人物的区别，一方面表现为元素自身体量大小的差异，另一方面表现为对建筑使用功能映衬程度的不同。在建筑手绘中，根据建筑体量的大小，对车的刻画可简可繁。

1. 手绘车辆的步骤

本环节以两厢轿车为例，进行车辆手绘表现的步骤详解。

步骤 01 将轿车整体看作是由两个等宽长方体上下叠加组合而成的体块，用铅笔按照两点透视关系画出上下两个长方体的组合造型，并标出轮胎的位置。

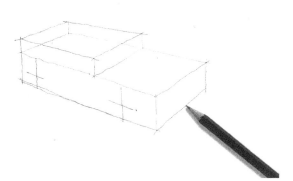

● 示范：王美达

步骤 02 用签字笔参照铅笔结构，画出轿车的轮廓。

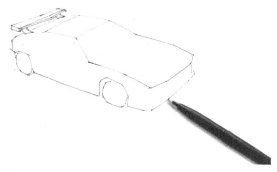

● 示范：王美达

步骤 03 用签字笔进一步画出车窗和车身结构细节。

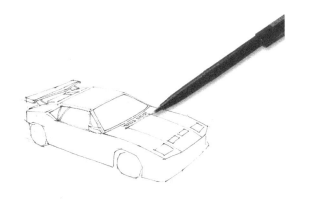

● 示范：王美达

步骤 04 用签字笔深入刻画车身前半部结构。

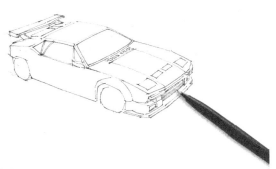

● 示范：王美达

步骤 05 用签字笔深入刻画车身后半部及轮毂结构。

● 示范：王美达

步骤 06 用较细的一次性针管笔，以排线的方式表现车窗质感和舱内操作台、方向盘、车座等物体，并进一步用排线加强汽车结构转折处的暗部关系。

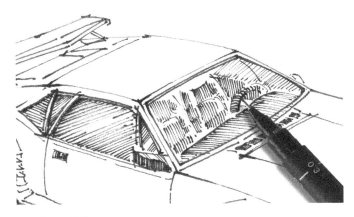

● 示范：王美达

步骤 07 调整画面，完成最终效果图。

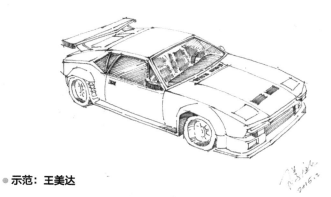

● 示范：王美达

2. 不同款型车辆手绘合集

● 作者：王美达

2.2.4 小品

　　建筑小品，通常包括室外景观、构筑物和设施等，在建筑局部精细表现和景观手绘中常有所涉及。对于这方面的练习，手绘者可以临摹为主，以灵活掌控线条为目的。以下小品合集可供临摹参考之用。

●作者：王美达

┃ 2.2.5　建筑配景综合训练——配景模板 ┃

为建筑透视图手绘配景，不仅要掌握配景本身的画法，还要注意如何在建筑场景中安置配景，并处理好配景与建筑的结合关系。为解决这个问题，我们根据建筑手绘的常规构图模式设计了一系列"建筑配景模板"，参照该模板，大家可对配景在建筑透视图中的配置问题有一个比较清楚的认识。

1. 人视角建筑配景模板

步骤 01　用铅笔在纸面垂直方向自上至下大约 2/3 高度的位置画下视平线，在纸面右侧靠近纸边处设置灭点 O，另一灭点 O'设置在左侧画面外。之后，在画面左右两侧留出一定的边框空白，用铅笔以短竖线标记。注意，用铅笔标记画面留边位置，可为画面构图埋好伏笔，当进一步构图作画时，可以该边界为画纸边界，如此完成画面构图，其大小关系刚好适应纸面比例，一旦构图过大，则可利用事先预留的边框空白，至少可以保证画面的完整性。

● 示范：王美达

步骤 03　用铅笔以长方体建筑为主体，快速画出前景树、中景树和背景树的轮廓。注意，前景树根部不要距建筑落地边过远，顶部要有一组树叶向右下角支出，与建筑顶边形成对比。中景树要突破长方体建筑右侧的顶边和底边，适当突破建筑最强转角线，不要遮挡建筑转角点。背景树根据画面左右构图平衡关系设置高低起伏——左低右高。

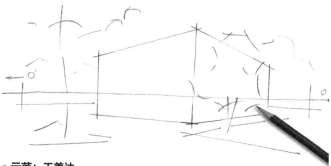

● 示范：王美达

步骤 05　用中性笔继续画出长方体建筑的结构和背景树。

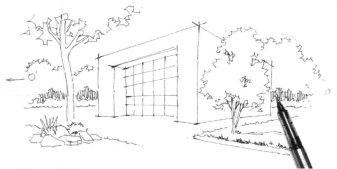

● 示范：王美达

步骤 02　用铅笔按照两点透视的规律，画下象征建筑物的长方体轮廓以及地平线。注意，该长方体大小要适应画面构图比例，画面外的 O'点不必准确找到，心中有数即可。凭经验而论，长方体上方离观者最近的夹角保持在 120°左右，长方体下方接地的边尽量画平些即可。

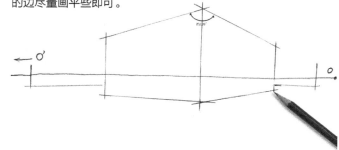

● 示范：王美达

步骤 04　用中性笔先以万能线画出前景树和中景树。

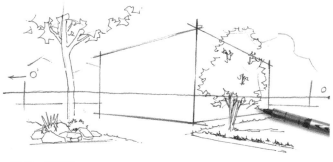

● 示范：王美达

步骤 06　用中性笔以排线为建筑增加光影关系，并参照视平线画出简笔人物。

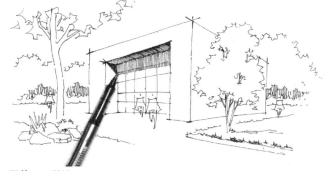

● 示范：王美达

步骤 07 先用中性笔以排线画出前景树枝叶穿插处、前景树下石景、中景树、建筑的暗部与投影关系。再用一次性草图笔加强前景树枝叶穿插处、中景树树干、人物的裤子（统一穿黑裤子，稳定）及人物投影的重色。

● 示范：王美达

步骤08 用直尺辅助 0.6~0.8mm 口径的中性笔，加强建筑物的最强转角线、明暗交界线和接地线，使建筑更加硬朗、坚挺。整理画面，完成最终效果图。

● 示范：王美达

2. 多种建筑配景模板合集

（1）人视角建筑配景模板

下图中虚线为视平线，O 点和 O'点为灭点，其中 O'点在画面外。注意，该模板前景树要用树干突破建筑侧面的顶线和接地线，中景树需小部分突破建筑右侧垂直边，使画面紧凑，背景树丛宜左低右高。

● 作者：王美达

（2）犬视角建筑配景模板

　　下图中虚线为视平线，O 点和 O'点为灭点，其中 O'点在画面外。注意，犬视角模板视平线与地平线重合，人物和中景树落地位置可略低于视平线，切勿过低。该模板前景树只能使用角树，中景树可适当突破建筑垂直边，避免树干与建筑垂直边重合。

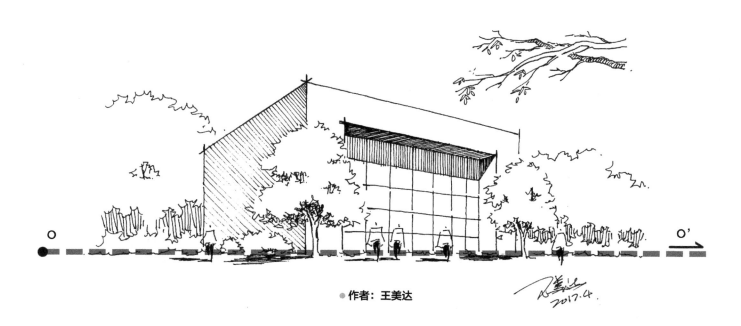

●作者：王美达

（3）鸟瞰建筑配景模板

　　鸟瞰视图建筑配景模板，通常将建筑顶部距观者最近的夹角设置为110°左右，可取得比较好的视觉效果。绘制该模板，前景可设置比较概括的草坪和灌木；中景需为建筑主入口处设计一定的硬化铺装，在建筑周边设计绿化与道路，并适当设置行道树和景观树，景观树必须对建筑物的边线有所遮挡；背景与中景的分界线，可与建筑的长边和宽边保持平行关系，背景树丛轮廓高低起伏要自然。

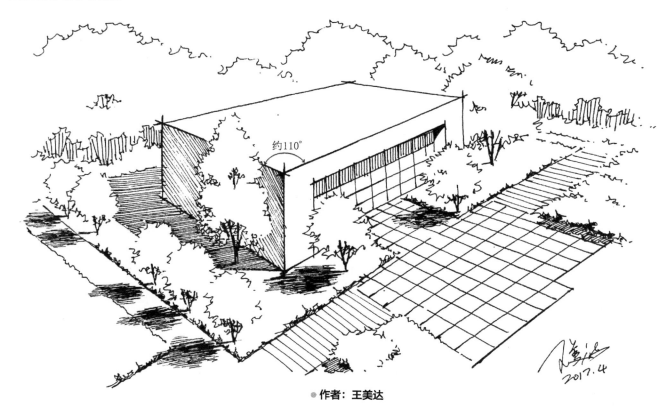

●作者：王美达

3. 建筑配景模板在建筑线稿手绘中的应用

　　利用建筑配景模板的构图规律，稍微改变主体建筑样式，即可轻松画出丰富、饱满的建筑场景手绘图，这种方法在建筑快题设计中具有广泛的应用价值。以下两图为建筑配景模板的实践应用。

● 作者：王美达

● 作者：王美达

2.3 材质表现

建筑线稿手绘的材质表现，主要是用线条描绘建筑场景中各种相关材料的质感，进而使建筑手绘题材更加丰富，建筑刻画更加生动、真实。材质表现的关键在于线条组合规律与线型归纳。

| 2.3.1 玻璃 |

玻璃是建筑最重要的组成材料之一，建筑的入口、门窗和墙面很多都是以玻璃为主要材料的。建筑上的玻璃材质，由于结构形式、面积大小及通透程度不同，其表现形式也会有所差异。下面我们分别对建筑外观中，几种典型玻璃材质应用的手绘表现技巧加以讲解。

1. 洞口式玻璃门窗的质感表现

表现单位面积较小且总数较多的门窗洞口玻璃，一般只需画清其光影关系和门窗结构。

●作者：王美达

如果洞口结构比较简单，可进一步为玻璃增加斜线，强调其质感，以丰富建筑外立面。注意，斜线通常在玻璃的角点处最密，之后，逐渐向中部过渡变疏，为了突出较强的反光感，可酌情进行较宽的留白处理。

●作者：王美达

2. 建筑玻璃幕墙的质感表现

很多大型建筑具有玻璃幕墙，如建筑所在画面的空间位置比较靠后，或玻璃幕墙在画面中的相对面积较小，则只需画清幕墙结构的排列关系。

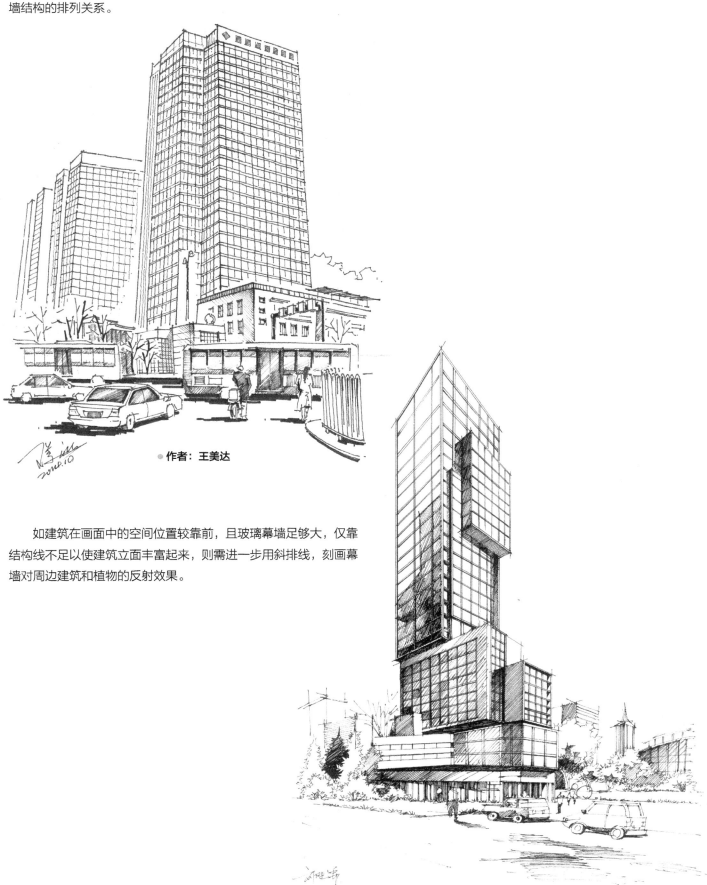

●作者：王美达

如建筑在画面中的空间位置较靠前，且玻璃幕墙足够大，仅靠结构线不足以使建筑立面丰富起来，则需进一步用斜排线，刻画幕墙对周边建筑和植物的反射效果。

●作者：刘胜禹

3. 通透玻璃门窗的质感表现

透明玻璃需在画清楚玻璃门窗结构的前提下，进一步表现室内空间。注意室内空间应多用细线、虚线排列成形，尽可能"灰"一些。

●作者：王美达

| 2.3.2 砖墙 |

砖墙是建筑外墙常用的一种装饰手段，大面积规整的砖墙会形成较强的肌理感，使建筑物更显充实。刻画建筑砖墙的质感，需要注意以下几点。

（1）注意砖块的排列规律
常见的砖砌墙手绘表现，要注意砖块的行列组合规律。

●作者：王美达

（2）注意砖墙上的投影刻画

用细实线垂直排列，刻画砖墙上的阴影形态，要注意根据受光角度，每块砖上部的倒角处应予以留白。

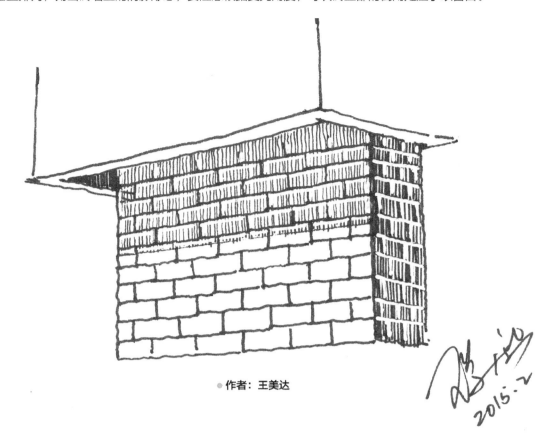

● 作者：王美达

（3）注意砖块的虚实表现

按照砖块组合规律，画面背光处较暗的砖墙可以画出砖块的全部结构线，形成较为密集的线条区域。受光部或需要适当虚化处理的部分，可保留砖墙横向的结构线并利用线条的虚实变化形成渐变效果。如此利用砖墙结构线，可形成繁简、虚实对比，更好地表现造型的空间关系。

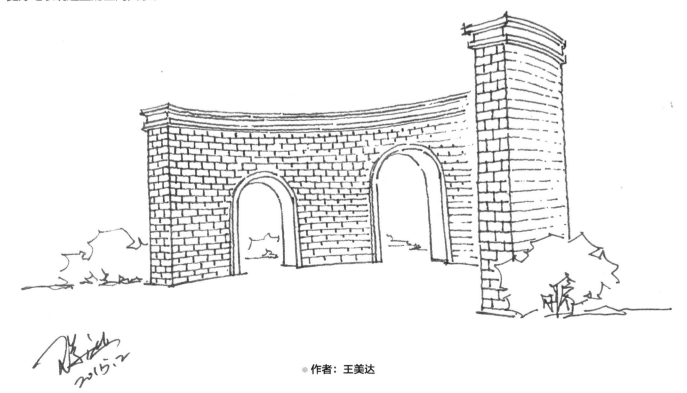

● 作者：王美达

（4）以文化砖为主材的场景表现

文化砖墙面的工艺不同于青砖勾缝，其砖块大小不一，且具有凹凸变化的特点，手绘时要一块砖一块砖地画，利用砖块大小变化形成一定的疏密对比效果。

●作者：王美达

▎2.3.3 石砌墙 ▎

最初，石砌墙多存在于具有古朴气质的建筑中，现在，很多现代建筑也利用石砌墙作为视觉中心，突出建筑的个性特征。刻画建筑的石砌墙面需要注意以下几点。

（1）石砌墙的石块组合比较自由，需由近及远一个一个画，并注意石块大小、疏密的变化。

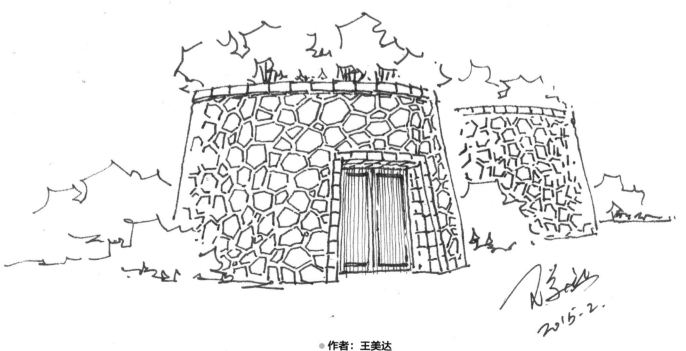

●作者：王美达

（2）石砌墙的石块通常为多边形，其拼接不齐处可用三角形小石块补充。

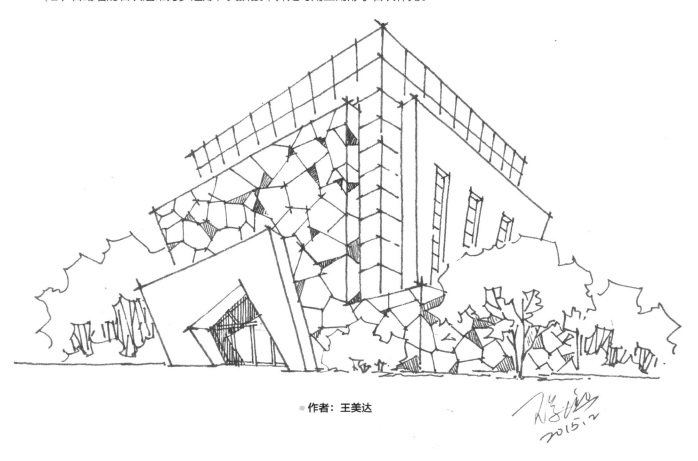

●作者：王美达

（3）建筑的石砌墙面，要注意通过石块大小和虚实的变化，表达墙面的透视和空间关系。

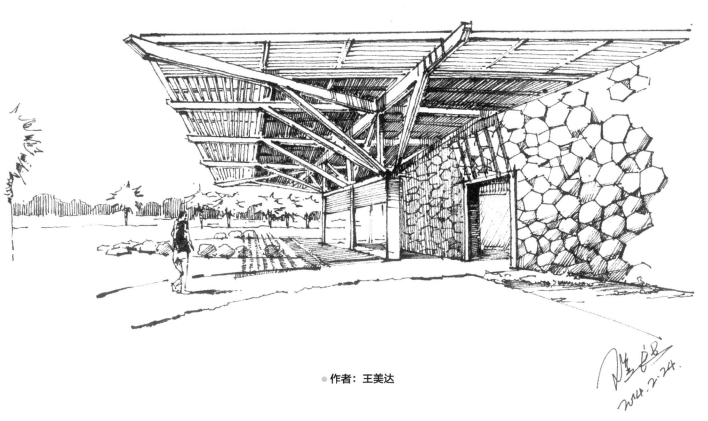

●作者：王美达

| 2.3.4　屋面 |

屋面表现是古典建筑和坡顶建筑手绘的主要特征和亮点，其画法多样，绘制时要注意其瓦片组合规律和整体的虚实关系。

1. 古建屋面的画法

古建屋面的沟头滴水处结构需刻画清晰，在表达屋面时，需先了解各种瓦片的排列规律，在此基础上用线要注意近实远虚的变化，力争每根线条言之有物、以少胜多。

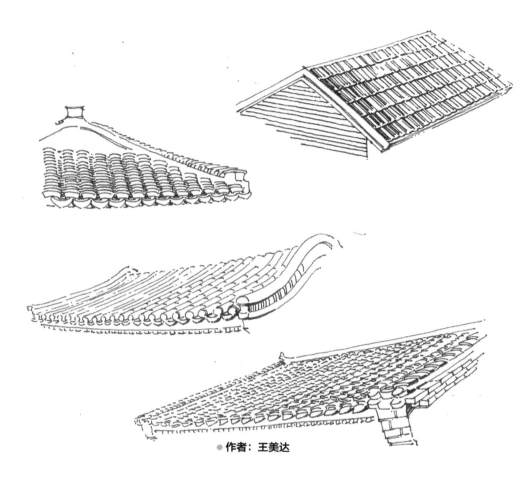

●作者：王美达

2. 现代坡顶屋面的画法

现代坡顶屋面的肌理效果应以竖线平行排列进行表现，要注意屋面两侧的线条排列方向。

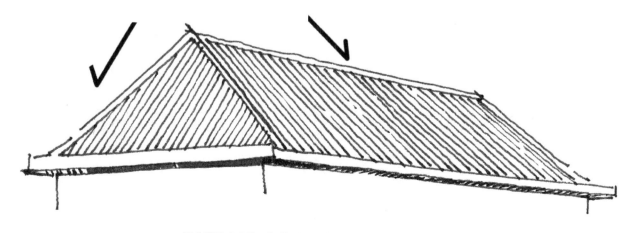

●图中箭头方向为瓦楞排列方向（作者：王美达）

3. 大屋面的建筑手绘

　　大屋面是建筑的一个亮点，在画面中是线条比较密集的区域。在整个画面构图中，要控制好该区域线条的疏密度，并巧妙地与其相邻的区域形成疏密对比效果，丰富画面层次，强调视觉中心。

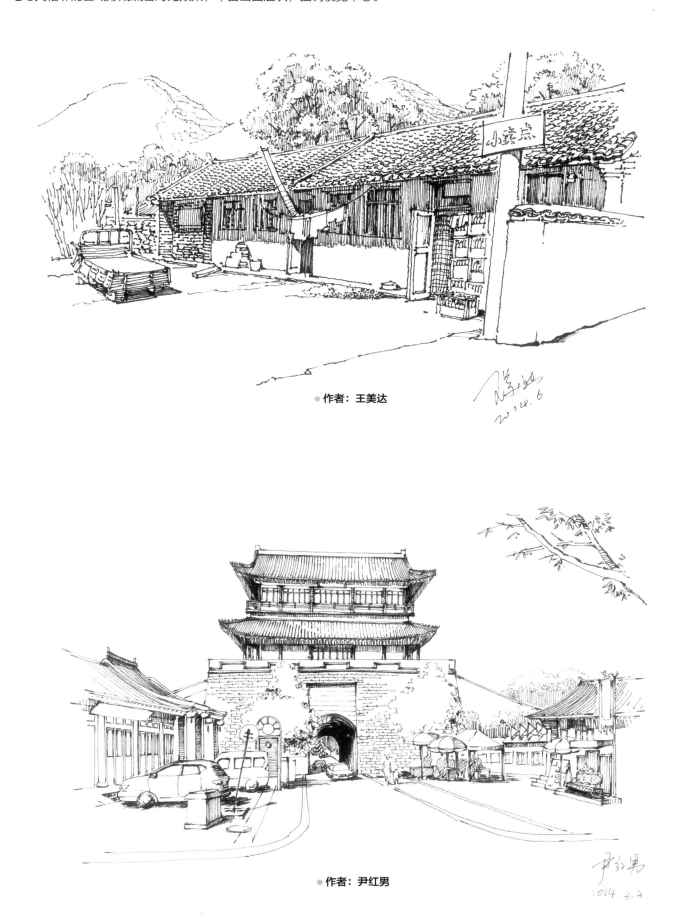

● 作者：王美达

● 作者：尹红男

| 2.3.5　木材 |

　　木材是使用频率较高的一种建筑外墙饰材，根据装饰面积和画面视角，木材质感的表现或概括或细腻，其手绘主要表现为以下几种类型。

1. 肌理型

　　用近距离视角表达木制古建筑局部的时候，木材质感是表现重点，因此，需要用线对木材肌理进行精细刻画。手绘时，注意木材肌理多呈一点式发散形（和树干的年轮结构有关），但发散点不能过多，且纹理要有疏密，纹路走向也要灵活变化。

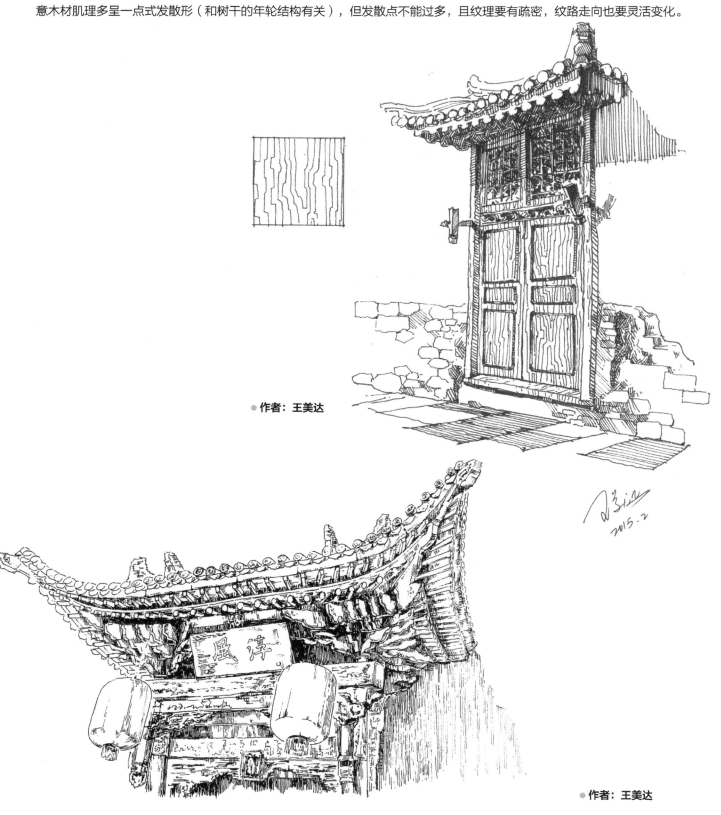

●作者：王美达

●作者：王美达

2. 构造型

很多现代建筑的木材饰面，多用条形拼接的工艺构造成横向或竖向的肌理效果，以突显建筑的时尚感。手绘这类建筑时，无须刻画木材质感，仅需画清木材构造规律，表达出大片的秩序感和密集感即可。

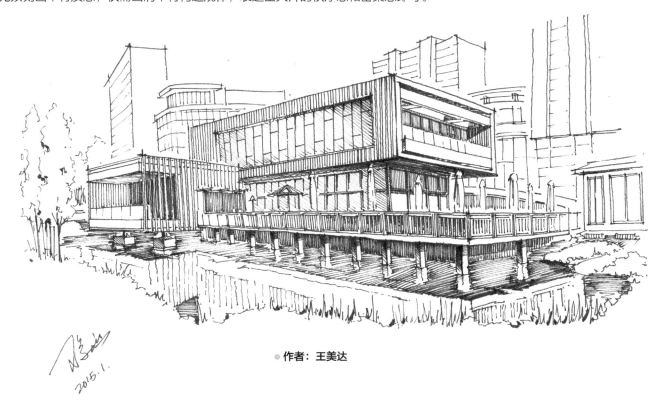

◉ 作者：王美达

很多古建筑对木材的加工比较细密复杂，过多表现其纹理会影响木构件结构的清晰度，因此这类手绘也是以构造刻画为主。

◉ 作者：王美达

当画面仅以小木屋建筑为表达对象时，可在木材构造的基础上，利用短线密排刻画明暗和光影关系，进而使画面更加充实、生动。

●作者：王美达

| 2.3.6　水 |

水是建筑手绘中重要的配景之一，很多建筑傍水而建，也因水而富有灵气。善于进行水体的表达，可为建筑手绘作品增加情趣。常见的水体手绘表现主要有以下几种类型。

1. 水岸排线法

水岸排线法，即以水岸为起点，沿垂直向下方向，以水平线（或水平折回旋线）由密至疏渐次排列。这是最常用、最易于掌握的画水技法。

● 作者：王美达

水岸排线法常见错误如下。

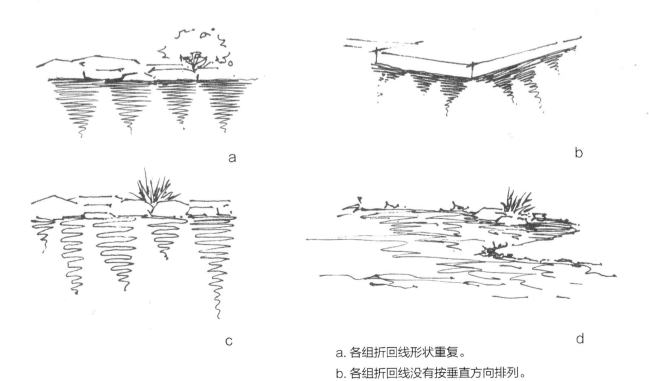

a

b

c

● 作者：王美达

d

a. 各组折回线形状重复。

b. 各组折回线没有按垂直方向排列。

c. 折回线无疏密变化。

d. 笔触过多、过乱。

2. 虚倒影法

当建筑坐落在平静的水面上时，其倒影在水面上清晰可见。刻画时需先以"镜像"的方式，用拖线画出建筑在水中的倒影，特别是建筑挑空平台底面的倒影要画出透视关系。在深入刻画时，需利用排线加重建筑挑空平台底面在水中的倒影，再从重色中延伸出单条自由曲线，连接各组倒影，加强水面的整体感。注意，水面留白要占大部分面积，这样水体会显得清澈，更为重要的是，水中倒影要比水面上物体刻画得模糊且色调要灰，只有这样才能保证画面主次分明。

● 作者：王美达

3. 大面积波浪线法

当水面面积较大、有波浪且倒影较乱时，可用水平波浪线表现水面。注意越近处波浪起伏越大，越远处波浪起伏越小，接近视平线处波浪线几乎水平，这样可表现出面的透视关系。另外，近实远虚的规律要在波浪线的变化中得到体现，适当留白会使水面更通透。

● 作者：王美达

4. 清澈水体排线法

当水清澈见底时，可通过水位线和竖排阴影线的表达，画出水面上和水面下物体的对比关系，具体步骤如下。

步骤 01　画出没有水情况下的场景。

步骤 02　用曲线在适当的位置画出水位线，要注意线条的连贯性。

●示范：王美达

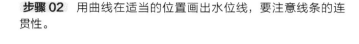

●示范：王美达

步骤 03　在水位线以下的空间均匀且密集地排列垂直线，用笔要细，与水位线以上的物体形成对比。

步骤 04　水位线以下的物体轮廓线适当用粗线提炼，使其清晰一些，再适当补充水面上的植物，使画面更完整。

●示范：王美达

●示范：王美达

2.4 审美分析

对于建筑手绘来说，技法只是起步，审美修养的提高才是主要目标，只有审美能力强的画者才能画出优秀的手绘作品。本节将从构图和手绘要点两方面，谈一下建筑手绘的基本审美理念。

| 2.4.1　建筑手绘的构图　|

构图是任何绘画形式都不可缺少的阶段，构图的优劣直接影响整幅画面的品质。对于建筑手绘来说，构图需要充分利用美学原理，合理安排以建筑为主体的众多造型在画面中的位置关系，形成具有高度形式美，甚至意境美的建筑场景手绘图。关于构图的研究，也是一个伴随画者自身艺术修养不断提高而日渐精进的过程。对于建筑手绘初学者来说，本书总结了几点最基本的构图常识，以供参考。

1. 横幅与竖幅画面的选择

高耸的建筑多用竖幅构图。

●作者：刘胜禹

扁平的建筑多用横幅构图。

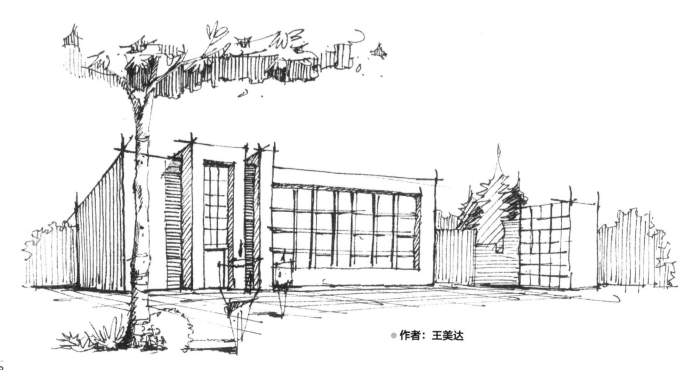

●作者：王美达

2. 建筑在画面中大小的设置

建筑在画面中的体量应大小适中，并且四周留出余地。

● 作者：刘胜禹

反例一：建筑在画面中体量过大，使画面拥挤。

● 作者：刘胜禹

反例二：建筑在画面中体量太小，使画面空旷。

●作者：刘胜禹

3. 建筑在画面中位置的设置

（1）建筑主立面的前方要留出足够的空间

建筑主立面的前方空间留得适当，画面较为"透气"。

●作者：刘胜禹

反例：建筑主立面的前方空间留得过小，画面较为闭塞、压抑。

◉ 作者：王美达

（2）画面构图要避免等分

▨ 避免建筑主体最强转角线落在画面垂直二等分位置上。

反例：建筑主体转角线落在画面垂直二等分位置上，画面显得僵硬。

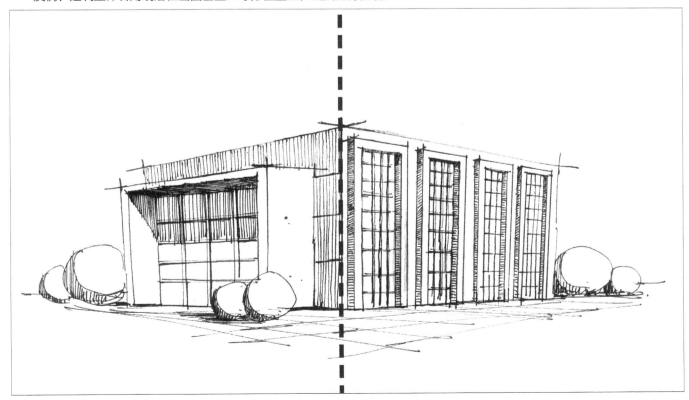

◉ 作者：刘胜禹

■ 避免建筑在画面中的水平二等分现象。

反例一：建筑底边在画面水平二等分线上，画面有上下脱节之感。

● 作者：刘胜禹

反例二：建筑的顶边各结构线都落在画面水平二等分线上，上虚下实画面不协调。

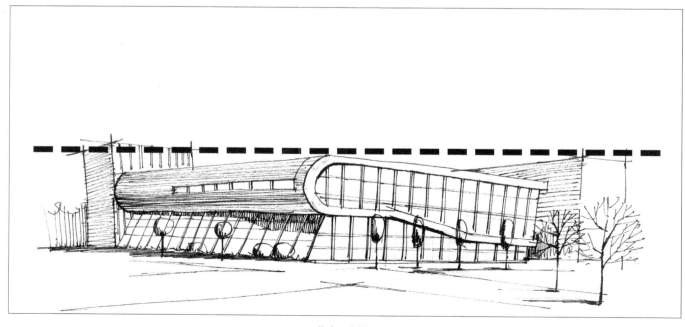

● 作者：刘胜禹

■ 避免建筑在画面中的三等分现象。

反例：建筑、天空和地面各占画面三分之一，画面构图死板。

● 作者：刘胜禹

■ 避免建筑在画面中的对称等分现象。

反例：画面左右对称，各开间等分且对称，僵硬而单调。

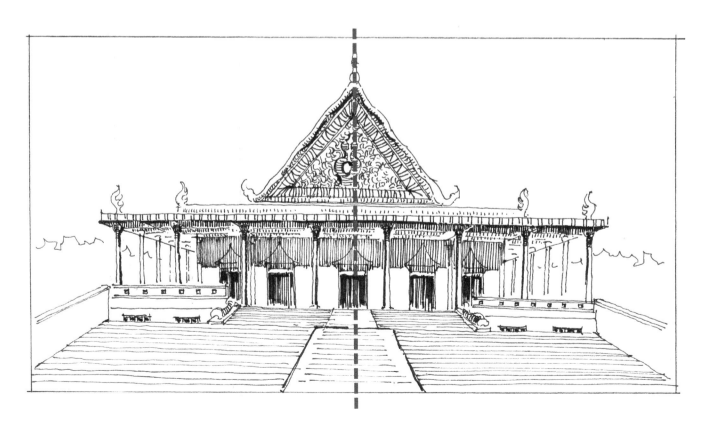

● 作者：刘胜禹

4. 画面构图要均衡

均衡是画面构图的一个重要方面，画面的上下、左右都要达到体量感的均衡，才能具有稳定感。

（1）反例：只顾刻画主体，造成画面构图右侧重，左侧轻。

● 作者：王美达

修正：在画面左侧增加前景，并适当加重，与右侧重色相呼应，使画面构图左右均衡。

● 作者：王美达

（2）反例：强调建筑顶部造型而忽略底部刻画，造成头重脚轻，画面上下不均衡。

●作者：王美达

修正：加重建筑底部的对比，适当减弱顶部的刻画，达到画面构图的上下均衡。对于建筑表现来说，适度的上轻下重，建筑才有稳定感。

●作者：王美达

5. 避免物体割裂画面的现象

　　建筑场景中，一些较长或较高的形体转折线易于在画面中形成过长的线条，甚至贯穿整个画面。这种情况会造成长线两侧的事物分裂、脱离，容易破坏画面的和谐感，因此，必须使用一定的技巧打破这种现象。

　　（1）反例：人行道横向割裂画面。

●作者：王美达

　　修正：用配景破开割裂线。图中增加了汽车并改变了人行道牙的结构，打破画面的割裂感。

●作者：王美达

（2）反例：树干纵向割裂画面。

◎ 作者：王美达

修正：画出树根和花池，使树落地，打破画面的割裂感。

◎ 作者：王美达

（3）反例：建筑最强转角线都处于画面的垂直二等分线上，客观上也会出现"割裂"画面的问题。

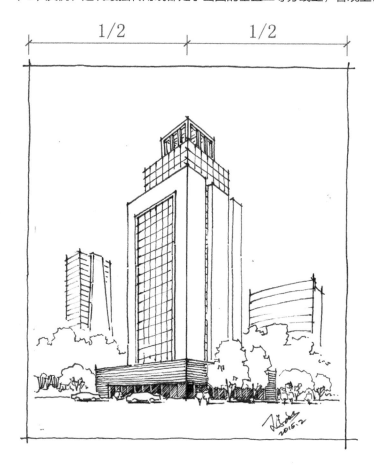

● 作者：王美达

修正：稍微调整视角和构图位置，使最强转角线靠近水平黄金分割线位置，并将各结构的最强转角线错开。

● 作者：王美达

6. 避免重复现象

　　画面中同类事物和不同类事物的重复存在，会使画面呆板，所以手绘时要注意这些细节的处理。

　　（1）反例：天空、树和建筑顶边平行重复。

● 作者：王美达

　　修正：除掉天空线条，改变前景树树梢的方向，增加汽车和行人等配景，在画面局部构建对比关系，打破平行重复的单调感。

● 作者：王美达

（2）反例：树木和建筑都体现了一种竖直的感觉，树木形体重复且与建筑没有融合关系，使画面显得呆板，建筑过于孤单。

● 作者：王美达

修正：改变树木为水平舒展的形态，与建筑造型形成对比。同时，调整树木的位置，使之与建筑下半部形成一定的遮挡关系，既丰富了空间，又增进了建筑与建筑的融合感。

● 作者：王美达

7. 避免不同形体与建筑的局部相切

相切情况包含前景树树冠与建筑顶边相切，人物与建筑结构线相切等（下图中深灰色线范围内部）。不同形体与建筑的局部相切，易形成"共用线"，造成画面层次关系混乱，形体含糊不清的问题。

●作者：王美达

| 2.4.2　建筑手绘要点 |

建筑手绘要点是建筑表现的重点注意事项，也是审核建筑手绘优劣的基本标准。面对一幅建筑手绘图，我们通常从透视、比例、构造、重点和空间五个方面予以评判。

1. 建筑透视要准确

透视是建筑手绘的依据，建筑的立体感主要依靠透视法来表现，透视是否准确是衡量建筑手绘合格与否的决定性因素。

透视准确的建筑给人以真实感。

●作者：王美达

反例一：建筑透视出现大方向的错误，意味着手绘的失败。

●作者：王美达

反例二：建筑透视大方向准确，但小细节透视错误，勉强给人以立体感，但经不住推敲，档次不高。

◎ 作者：王美达

2. 建筑比例要协调

　　比例，通常是指物体之间形的大小、宽窄和高低的关系，比例是建筑美学要素之一。一座经典的建筑，其美观与否不仅体现在结构和装饰上，协调的比例关系是大前提。我们进行建筑手绘，一方面要协调建筑与周边环境之间的比例关系，营造建筑的气场，另一方面要剖析所画建筑自身的形体比例特征，在画面中协调各组成部分的比例关系，铸就建筑的气质。

　　（1）协调建筑与周边环境之间的比例关系，会使建筑具有较好的尺度感和存在感。

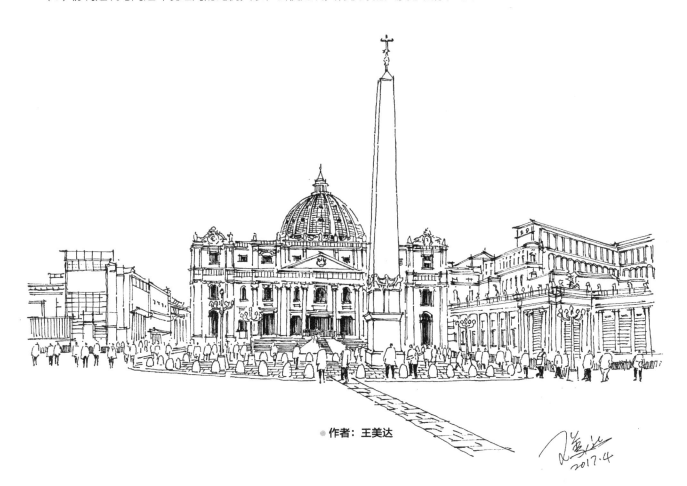

◎ 作者：王美达

反例：建筑与周边环境的比例不协调，使建筑失去应有的场所感，画面视觉冲击力弱。

●作者：王美达

（2）协调好建筑自身各组成部分的比例关系，会提高该建筑的审美价值。

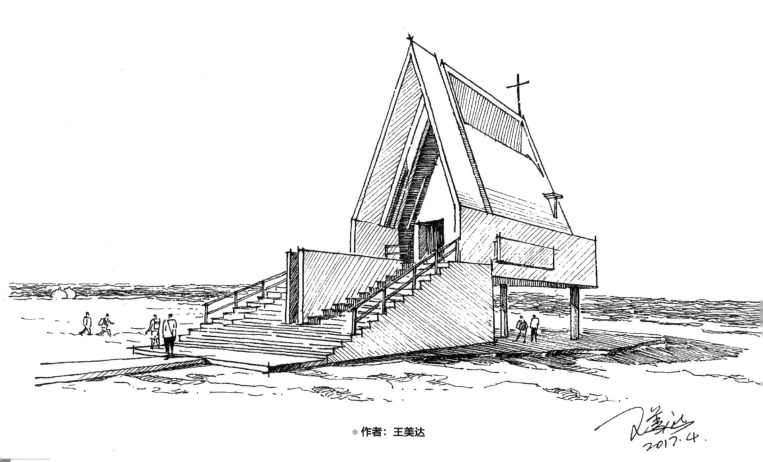

●作者：王美达

反例：建筑自身各组成部分的比例不协调，会使建筑气质溃散，缺乏美感。

●作者：王美达
2017.4.

3. 建筑结构要清晰

很多经典建筑都拥有新颖美观的结构，结构既是建筑的骨架，也是建筑的细节所在，结构疏于处理的建筑手绘，易空洞乏味、虚假不实。我们进行建筑手绘，应本着学习的态度，认真研究并表现建筑的结构之美，力求清晰、准确。

具有结构美感的建筑。

●作者：王美达

反例：建筑结构表现不严谨，应付了事，局部还出现结构错误，使建筑浮躁、苍白，有未完成感。

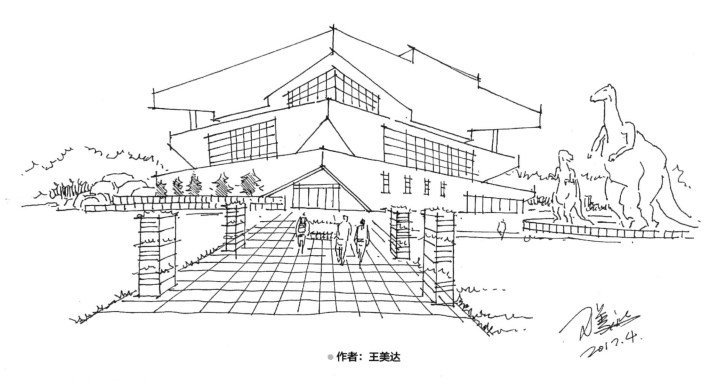

●作者：王美达

4. 建筑重点要突出

　　一幅建筑手绘，画面要有强大的凝聚力，使人第一眼看到画面就知道手绘者想表现什么，绝不能一盘散沙。这就需要画者在手绘时能够抓住画面的重点进行表现，刻画细节要深入，对比要强烈，让观者有眼前一亮的感觉。同时，还要注意重点到非重点的有序过渡，做到主次分明。

　　建筑主入口可作为画面重点予以强调。

●作者：王树平

建筑顶部造型可作为重点予以强调。

● 作者：尹红男

反例：无重点的建筑手绘，画面将丧失视觉中心，杂乱无章。

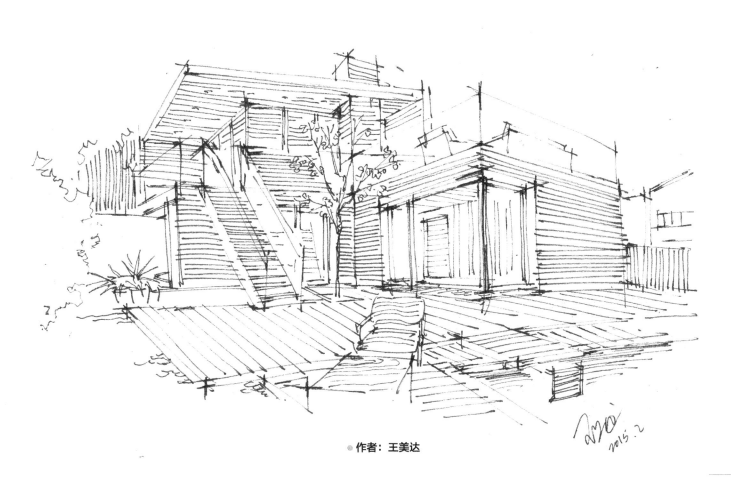

● 作者：王美达

5. 画面空间要层次分明

空间的表现是写实主义绘画的一个永恒的话题。对于建筑手绘来说，我们要表现以建筑为中心的三维视觉场景，那么，空间的表达自然就成了画面所追求的目标，绝对不能脱离空间去理解建筑。

（1）通过画面层次表现空间。

反例：画面层次处理不当，缺少前景，中景不够丰满，画面进深感弱。

●作者：王美达

修正：增加前景，充实中景，使画面前景、中景和背景三个主要空间层次清晰分明，丰富画面，增强空间感。

●作者：王美达

（2）通过线条疏密对比表现空间。

反例：画面用线平均，没有疏密对比变化，使画面空间层次不明显，形体区分不明确。

●作者：王美达

　　修正：注意利用场景中不同事物的结构、肌理、明暗，形成线条密集的面，对某些非重点事物，要进行高度概括，形成用线较疏或留白的面。以线条的疏密对比，处理相互衔接的不同事物，可使画面疏密有致，主体更加突出，空间层次明确。

●作者：王美达

（3）通过虚实对比表现空间。

反例：画面背景过"实"，前景过"实"，中景较虚，造成空间混乱。

●作者：王美达

修正一：通过增加中景的细节，并加强其对比，使中景"实"一些；用单线弱化背景关系，使其虚化；省略前景细节，但保留其对比关系，做到"前景靠前但不抢中景"。

●作者：王美达

修正二：背景用深色平铺亦可减弱对比关系。中景的重点部分要高度加强其颜色对比和细节刻画，前景颜色对比要强，但细节不宜过多。

● 作者：王美达

第 3 章

建筑平面图、立面图、透视图的相互关系及线稿表现

建筑的平面图和立面图是建筑设计科学性的依据，而透视图则是方案的效果模拟，这些是建筑方案设计必备的图纸，是手绘快题的主要内容。相对于透视图来说，平面图与立面图的手绘表达比较简单，本章将对以上诸类图纸的手绘要点进行介绍。

3.1 # 建筑平面图

建筑的平面图以功能空间为主体，只需按照建筑制图的标准完成即可。手绘表现的平面图多数以总平面图为主，因为总平面图除了建筑外观的顶视图以外，还需要有相应的环境表现。手绘总平面图是比较简单的，但其中一些基本元素的画法值得一提。

| 3.1.1　平面图的基本元素　|

1. 平面树

（1）平面树基本是以圆形为轮廓，以圆心为发射点，以不同树种特征的线条为发射线而完成的。画发射线时，我们需注意根据受光关系，安排其疏密变化。

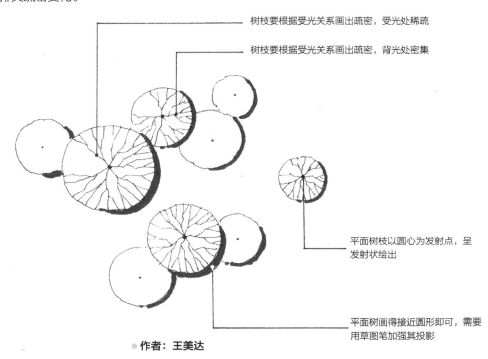

树枝要根据受光关系画出疏密，受光处稀疏

树枝要根据受光关系画出疏密，背光处密集

平面树枝以圆心为发射点，呈发射状绘出

平面树画得接近圆形即可，需要用草图笔加强其投影

● **作者：王美达**

（2）通常的植物造景，讲究三五成群，每个群组要注意大小、疏密和遮挡等变化，使组合效果更加自然。

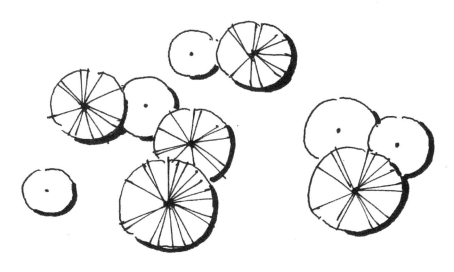

● **作者：王美达**

123

（3）由很多棵树组成的大片树丛，只需描绘其组群的外部轮廓，可以省略组群内部树与树相邻的轮廓。

●作者：王美达

（4）不同种类手绘平面树画法合集。

●作者：王美达

2015.2

2. 平面铺装

在建筑平面图中，铺装以特定的符号表现各种地面材质的形态、构造或质感，从效果来看，铺装作为密集化的平面，对某些建筑空间可起到强调或衬托的作用。常见的平面铺装合集如下图。

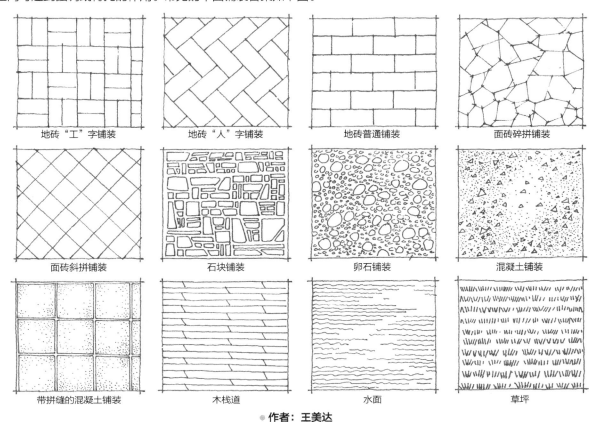

地砖"工"字铺装	地砖"人"字铺装	地砖普通铺装	面砖碎拼铺装
面砖斜拼铺装	石块铺装	卵石铺装	混凝土铺装
带拼缝的混凝土铺装	木栈道	水面	草坪

● 作者：王美达

┃ 3.1.2　建筑总平面图抄绘步骤　┃

建筑总平面图是建筑设计方案的一个组成部分，在进行总平面图设计之前，我们可选择一些较好的总平面图，按照科学的步骤练习线稿抄绘，不仅可学习总平面图的画法，还可体验总平面图的设计程序，具体步骤如下。

步骤 01　将打印好的总平面图平铺于桌面上并固定好。借助直尺，用铅笔过场地最上端点画水平线，再过场地左右端点画垂直线，两条垂直线与水平线交点之间的距离为场地东西向长度。对场地东西向长度进行八等分，并相应地画出垂线。以八等分长度的一份为标准，在场地左侧垂直线上进行累加测量，并画出相应的水平线。当画出第六条水平线时，可以完全包容场地最下方端点。网格至此绘制结束，在底图上形成 8×6 的网格，注意该网格上、左、右的边线分别会穿过场地上、左、右的端点。
设置网格左上角为 0 点，在水平和垂直方向上，分别标注 1～8 和 1'～6' 的数字坐标，以备下步之用。

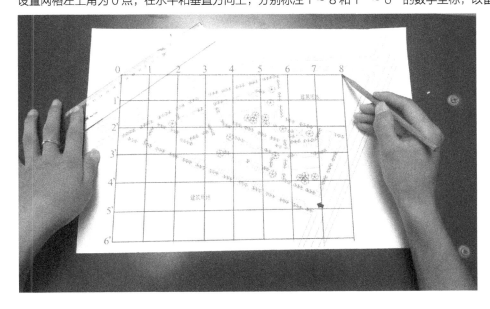

● 示范：王树平

步骤 02 取出一张 A3 白纸，借助平行尺，用铅笔在纸面上画出 8×6 的方形网格，并标记坐标。注意网格线不要画得太重，且长度比例自定，达到构图饱满的效果即可。

● 示范：王树平

步骤 03 参照原底图的网格坐标，先在新网格上直接用一次性针管笔画出场地轮廓和结构分区。

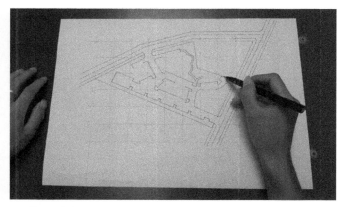

● 示范：王树平

步骤 04 参照原底图的坐标，在新网格上用一次性针管笔，在各建筑的相应位置上画出建筑的平面结构图。

● 示范：王树平

步骤 05 用一次性针管笔在图纸的绿化范围内增加平面树，注意先排行道树，再画景观树和景观设施。

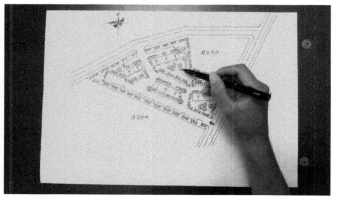

● 示范：王树平

步骤 06 完善场地中停车位、指北针和文字标注等细节，擦除铅笔稿，完成效果图。

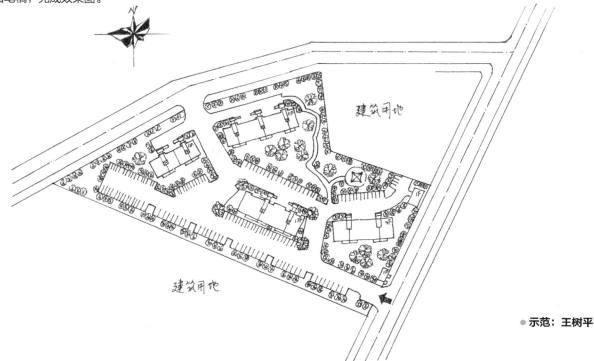

● 示范：王树平

3.2 建筑立面图

建筑立面图是建筑外观设计的重要图纸，其手绘表现难度不算高，本书所强调的建筑立面图线稿手绘，侧重点在于讲解立面图与平面图的对应关系，并非单纯的手绘效果。

学习建筑立面图线稿手绘，可临摹亦可自行设计。临摹，需自行寻找建筑主要平面图及与之对应的效果图，根据这些资料，按照本书所讲方法，推导出建筑立面图。设计，需寻找建筑设计方案完整的平面图（包括各层平面与顶平面），根据平面图，结合自己的设计经验，自行设计建筑立面图。接下来，我们将演示根据建筑平面图，手绘推导其立面图的方法和步骤。

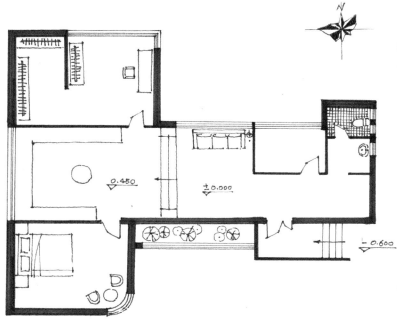

步骤 01 自行寻到一幅建筑平面图，该建筑为单层建筑。

● 示范：王美达

步骤 02 先绘制该建筑的南立面，用铅笔辅以平行尺，根据平面图的转折位置引垂线，设置建筑高度为 4.5m，根据比例尺画出建筑立面高度。

步骤 03 继续用铅笔画出建筑立面结构，顶部造型可适当设计。

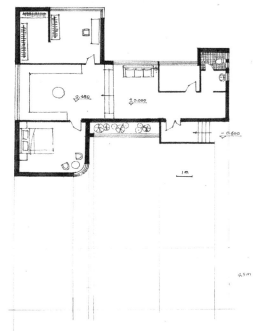

● 示范：王美达

● 示范：王美达

步骤 04 用一次性针管笔刻画该立面的结构与墙面材质。

步骤 05 用一次性针管笔进一步刻画该立面的玻璃质感、墙面投影及配景植物。

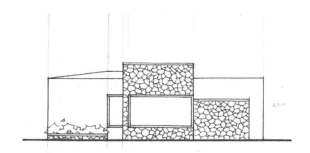

● 示范：王美达

● 示范：王美达

步骤 06 整理画面，建筑南立面图完成。

步骤 07 用以上方法开始画该建筑的东立面图。

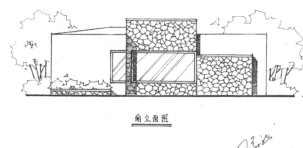

角立面图

● 示范：王美达

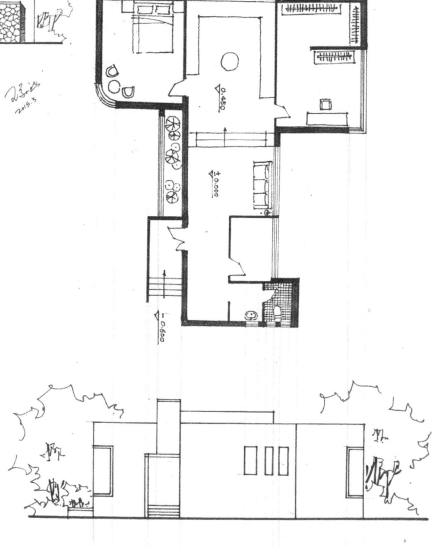

● 示范：王美达

步骤 08 深入刻画该立面，直至完成。

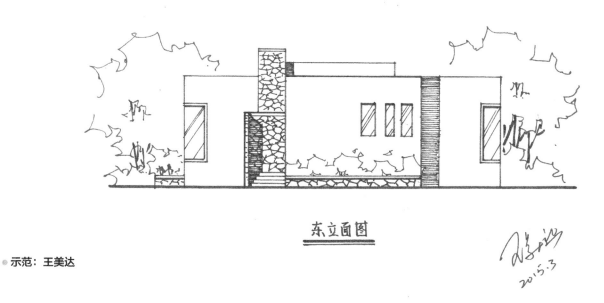

东立面图

●示范：王美达

3.3 根据建筑平面图和立面图起透视图线稿

1. 根据建筑平面图和立面图，起平透视图线稿

步骤 01 在建筑平面图上，以右下角为原点，以图上 1m 长度为单位，为该平面绘制如下图所示的网格坐标，以此作为绘制透视图的尺度参照。

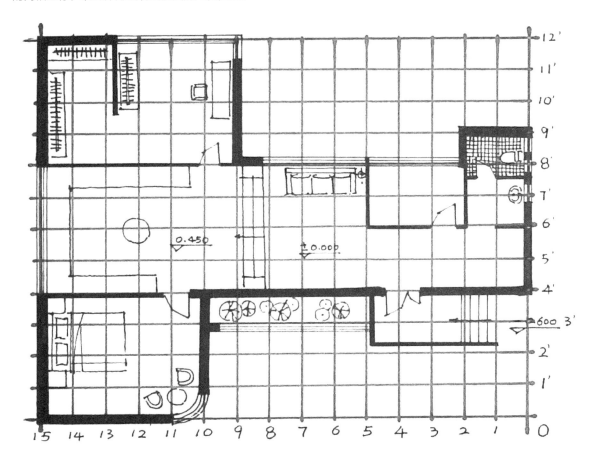

●示范：王美达

步骤 02 开始绘制该建筑平面的透视图。另取一张纸，用铅笔在纸面垂直方向自上至下大约 2/3 高度的位置画下视平线，在纸面右侧靠近纸边处设置灭点 O，另一灭点 O'设置在左侧画面外。之后，在画面左右两侧留出一定的边框空白，用铅笔以短竖线标记。设置建筑右下角（即 4'点处）为本图的最强转角线，在图中偏右的位置画下该边。设视平线距地面的距离为 1.5m，在最强转角线的视平线以下截取该段长度单位（不要截取太长，否则构图过大），以此为参照，在视平线以上的最强转角线截取两段该长度，如此获得整段建筑最强转角线高度为 4.5m。

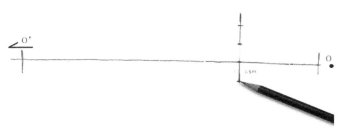

● 示范：王美达

步骤 03 以 1.5m 高度为参考，用铅笔画出该角度所能看到的建筑墙体结构以及地平线。

● 示范：王美达

步骤 04 以 1.5m 高度为参考，用铅笔按照两点透视规律，画出建筑入口和阳光房的平面结构。

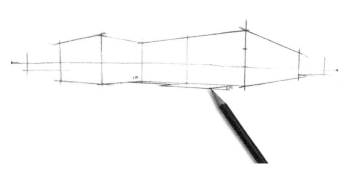

● 示范：王美达

步骤 05 用铅笔参照已画建筑的高度，画出建筑入口和阳光房的立体结构，并画出右侧房间墙体的转角。

● 示范：王美达

步骤 06 以建筑为主体，用铅笔为该场景增加前景树、中景树和背景树，并标出人物的位置。

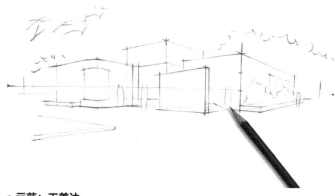

● 示范：王美达

步骤 07 用中性笔按照"先画前再画后"的顺序，画出建筑的结构线。

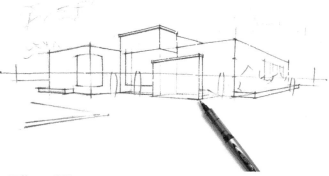

● 示范：王美达

步骤 08 左侧房间外墙的转角结构，可先确定两端点的位置再以弧线连接。

步骤 09 用中性笔画出前景树。

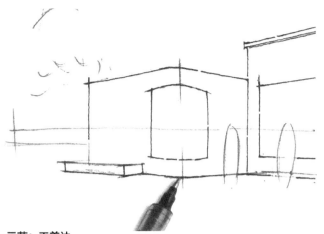

●示范：王美达

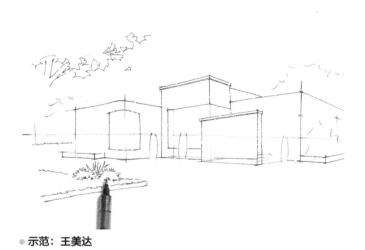

●示范：王美达

步骤 10 用中性笔继续画出中景树、人物以及背景树丛。

步骤 11 用中性笔细化建筑窗结构。

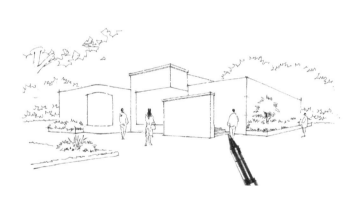

●示范：王美达

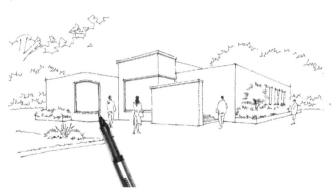

●示范：王美达

步骤 12 用中性笔画出主入口和阳光房的石砌墙肌理。

●示范：王美达

●示范：王美达

步骤 13 用中性笔画出主入口和阳光房墙面上的投影。

●示范：王美达

步骤 14 透过阳光房的玻璃窗，可看到其内部栽种的植物，用中性笔画出植物的轮廓。

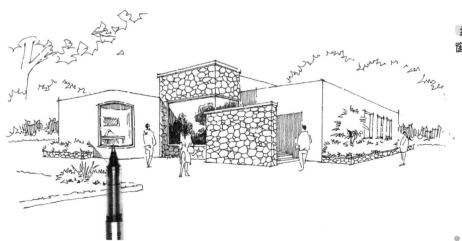

●示范：王美达

步骤 15 用中性笔深入刻画工作室玻璃窗内的植物与室内空间。

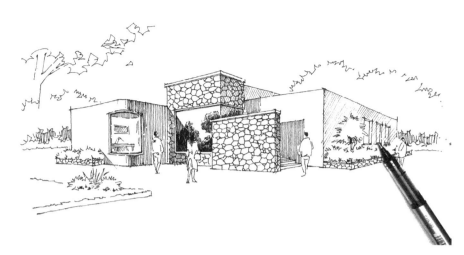

步骤 16 用中性笔以 45° 角斜排线，画出建筑墙面背光部的关系。注意，有弧形转角墙的那部分墙面要用垂直排线，以突出转折感。

● 示范：王美达

步骤 17 用中性笔以更密集的斜排短线刻画中景树，注意利用线条疏密塑造植物的立体感。

● 示范：王美达

步骤 18 根据场景的受光方向，用中性笔以密集的斜排短线画出人物在地面上的投影，增强人物真实感。

● 示范：王美达

步骤 19 用中性笔排线，适当加强画面细节，直至完成。

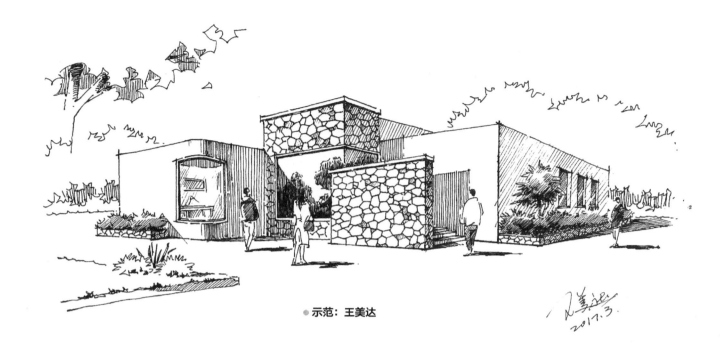

●示范：王美达

2. 根据建筑平面图和立面图，起鸟瞰图线稿

步骤 01 在建筑平面图上，以右下角为原点，以图上 3m 长度为单位，为该平面绘制下图所示的网格坐标，以此作为绘制透视图的尺度参照。

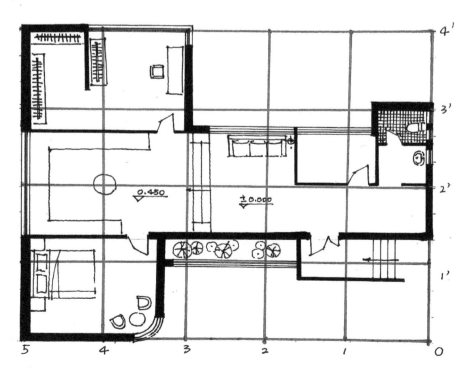

●示范：王美达

步骤 02 另取一张纸，用铅笔按照俯视两点透视规律画出 5×4 的网格。

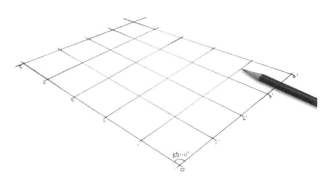

● 示范：王美达

步骤 03 根据平面图中建筑外墙在网格中的坐标位置，用铅笔在透视图中画出建筑的平面轮廓。注意，为了能清楚地区分该图不同层级的线条，建议选用彩色铅笔绘制。

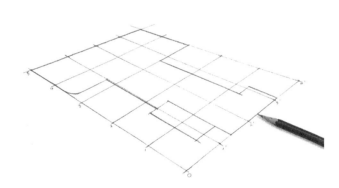

● 示范：王美达

步骤 04 用平行尺辅助铅笔，画出所有墙体转角处的垂线。注意，为了能清楚地区分该图不同层级的线条，建议选用彩色铅笔绘制。

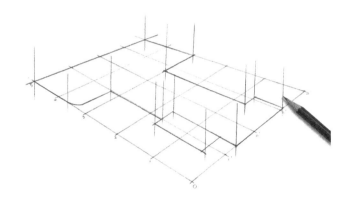

● 示范：王美达

步骤 05 每个网格的长度为 3m×3m，我们用铅笔先在网格交点 1' 处引垂线，再根据就近原则，以一个网格的边长为参照，在该垂线上截取 4.5m 高度的线段。

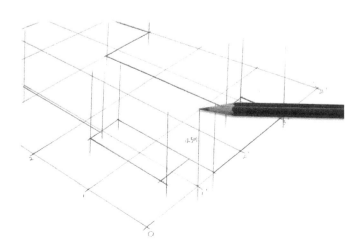

● 示范：王美达

步骤 06 以 4.5m 高度的线段为标高，根据透视规律，用铅笔画出该建筑的房顶线。注意，阳光室立面高于 4.5m。注意，为了能清楚地区分该图不同层级的线条，建议选用彩色铅笔绘制。

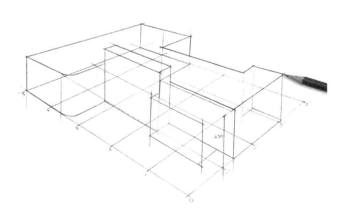

● 示范：王美达

步骤 07 继续用铅笔，按照两点透视的规律，画出该建筑顶部的局部异形结构。

步骤 08 用铅笔深化建筑细节的轮廓（包括主入口台阶及建筑墙边的植物种植池），概括出背景树轮廓。

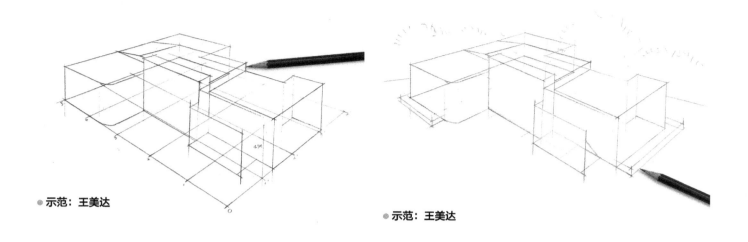

● 示范：王美达

● 示范：王美达

步骤 09 用中性笔按照"先近后远"的原则，先绘制最近处的花坛和植物，开始线稿刻画。

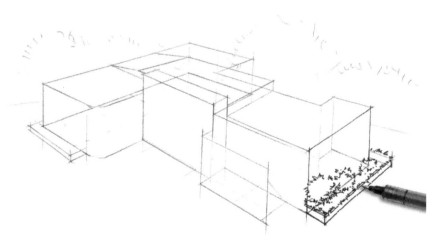

● 示范：王美达

步骤 10 用中性笔完成该场景主要的轮廓线。

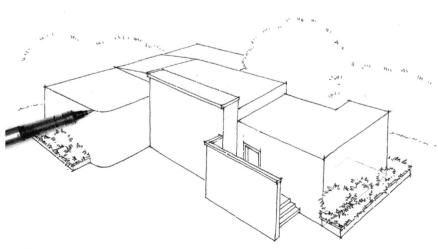

● 示范：王美达

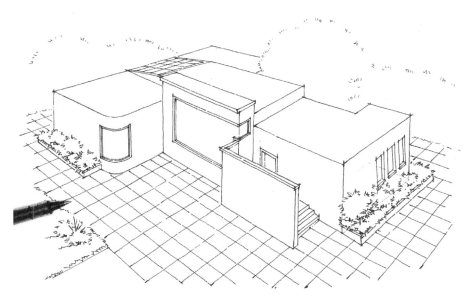

步骤11 用中性笔，完成建筑的窗、室外硬化铺装及前景树等事物的结构表现。

● 示范：王美达

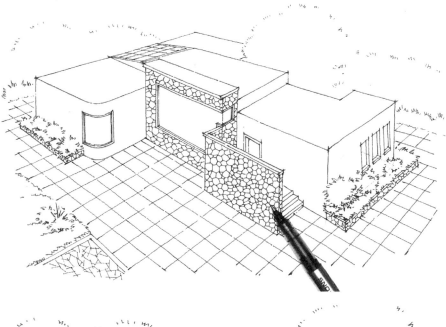

步骤12 用中性笔深入刻画场景的肌理，包括建筑的石砌墙面、玻璃天窗及硬化碎拼铺装等。

● 示范：王美达

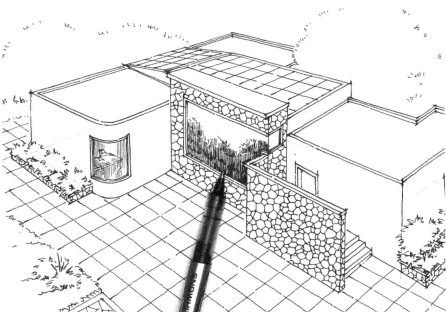

步骤13 用中性笔深入刻画建筑墙面玻璃的折射与反射细节。

● 示范：王美达

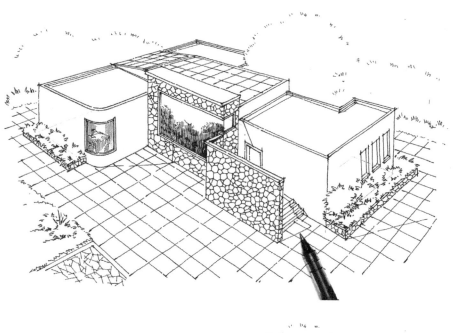

步骤14 设置场景左上角为光源位置，用中性笔画出建筑墙面、顶面和地面上的投影轮廓线。

● 示范：王美达

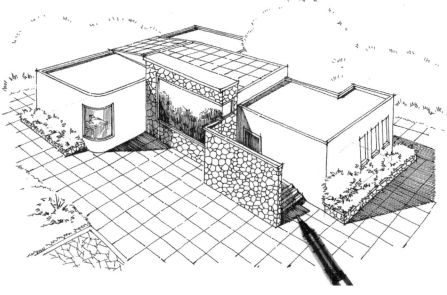

步骤15 用中性笔排线，画出场景的投影效果。

● 示范：王美达

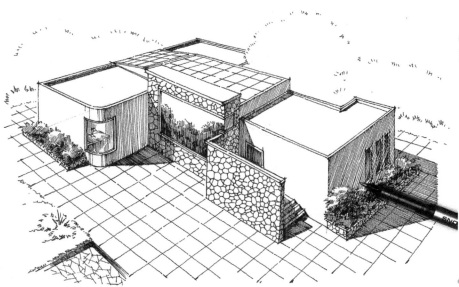

步骤16 用中性笔排线，表达出建筑墙面的暗部关系以及中景植物的层次感。

● 示范：王美达

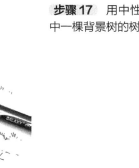

步骤 17 用中性笔短排线，深入刻画其中一棵背景树的树冠层次。

● 示范：王美达

步骤 18 使用草图笔，将背景树铺成暗色。注意，背景树底部为地被植物，应适当留出受光面，背景树顶部为高大乔木，亦应留出受光面，处理好背景树亮部与暗部的过渡关系。背景树与建筑边缘衔接处，用草图笔密排靠线，突出建筑形体轮廓，其余部分可自然留出缝隙，避免把颜色"涂死"。

● 示范：王美达

步骤 19 使用草图笔深入刻画建筑背后那棵树的若干处暗部层次，使之视觉上与背景树的暗色相协调。

● 示范：王美达

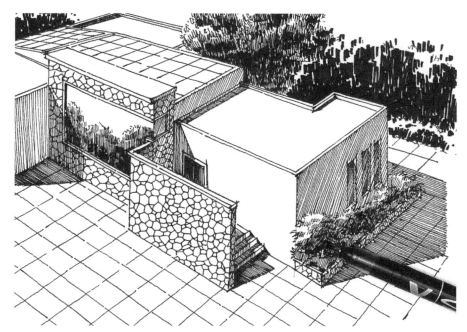

步骤 20 使用草图笔深入刻画中景树暗部层次。

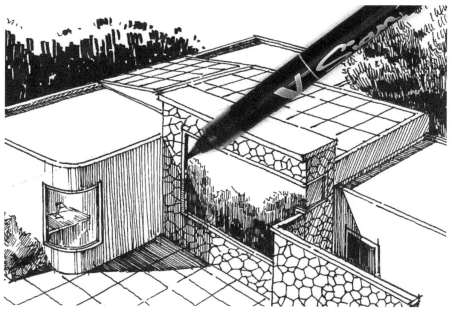

步骤 21 使用草图笔加强建筑细节。

步骤 22 换用中性笔排线，加强建筑石砌墙面和顶部玻璃天窗的肌理效果。

步骤 23 用修正液象征性地为背景树提炼少许树枝。

●示范：王美达

步骤 24 整理画面，完成最终效果图。

●示范：王美达

第4章

建筑线稿手绘的分类与演示

建筑线稿手绘是从素描领域对建筑效果的综合表现形式,既可作为建筑表现的前期底稿,又可作为独立完整的建筑表现形式。我们将建筑线稿手绘分为草图型建筑线稿手绘、表现型建筑线稿手绘和精细型建筑线稿手绘三类。草图型建筑线稿手绘,通常以记录建筑或场景的主要特征为目的;表现型建筑线稿手绘,通常以表达建筑与场景之间的关系为主要目的;精细型建筑线稿手绘,通常以场景写实为主要目的。下面分别针对这三种类型的线稿手绘进行讲解与演示。

4.1 草图型建筑线稿手绘

草图型建筑线稿手绘，以记录建筑或场景的主要特征为目的，在设计构思、旅行随笔及推演画面等方面都具有重要的作用。我们可将草图型建筑线稿手绘分为构思型草图、记录型草图及效果推敲型草图三个类型。

| 4.1.1 构思型草图 |

构思型草图，一般用于设计方案的前期构思或方案交流过程中的调整与修改，通常包括平面功能草图、造型设计草图和节点设计草图等。构思型草图体现的是一个设计从无到有的过程，并非强调最终的视觉效果，因此，该类草图以"草"为特征，笔法凌乱，存在大量重复与修改的痕迹，观者看起来很"神秘"，而内容与内涵只有作者本人最清楚。构思型草图使用的工具不拘一格，铅笔、圆珠笔、中性笔、草图笔、钢笔和马克笔等均可逐层叠加使用，各种纸张，只要能书写均可使用。在用时方面，由于构思过程可长可短，因此，构思型草图没有明确的时限。

1. 构思型草图解析

（1）下图为建筑立面造型设计时的构思草图，用铅笔、墨线笔和马克笔在已确定的建筑立体造型上，按照透视规律一遍一遍地推敲各立面造型元素和构筑物结构，直至获得满意的方案为止。推敲结束后，有些容易造成视觉混乱的线条可以用修正液覆盖一下，以获得更清晰的效果。

● 作者：王美达

（2）下图为在牛皮纸上绘制的建筑造型创意草图。该图前期用中性笔在纸上随性地寻找最生动的造型曲线，并不断地叠加、排列线条，最终围合成曲面。之后在曲面造型的基础上，不断地用线条寻找其凹凸细节。整个过程线条虽多，但一气呵成，线条疏密有致，随意流畅。最后，为了加强效果，还用白色油画棒为建筑曲面提了高光。

● 作者：王美达

（3）下图为"老北戴河风情园"的概念设计图。该图的画面内容已搜集齐备，但是将风格迥异、比例悬殊的大量事物表现在一幅画内，用焦点透视已经无法解决该画面的问题。因此，笔者从传统国画中吸取灵感，采用了散点透视法进行构图。本草图全部为铅笔手绘，其意义主要在于推敲画面各构成元素的比例、位置、疏密、对比、协调和韵律等构图关系，边勾画边比较，边推敲边修改，个人全身心地沉浸在审美过程中，直至画面关系基本完善为止。

●作者：王美达

2. 构思型草图作品欣赏

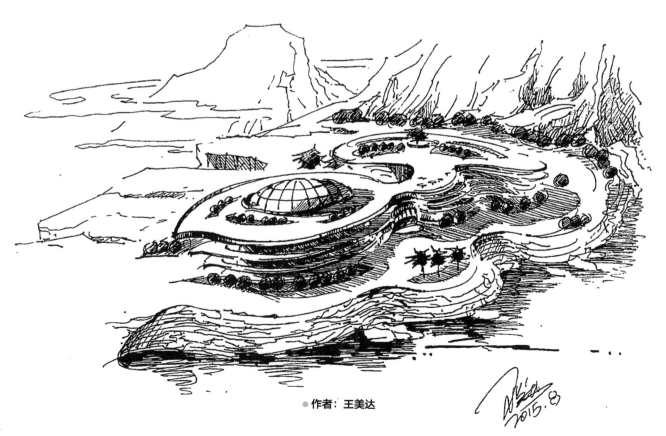

●作者：王美达

2015.8

● 作者：王美达

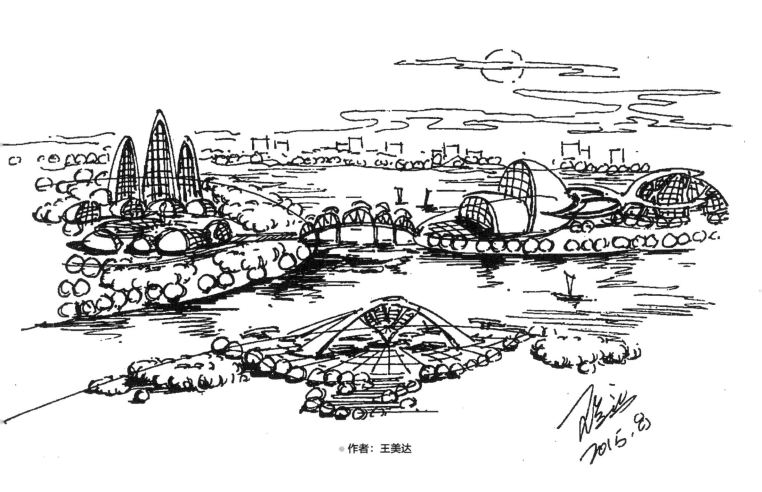

● 作者：王美达

作者：王美达

2015.11

作者：王美达

2015.9.

146

●作者：王美达

┃ 4.1.2　记录型草图 ┃

　　记录型草图为典型的"速写"，好的设计师都拥有自己的专属速写本，每当看到感兴趣、有价值的景物时，随即可用简洁、轻松的线条将其特征记录下来（如果写生条件或时间有限，可用手机或相机拍摄下来；但手绘者都知道，只有画过才会印象深刻）。记录型草图的特点就是"快"，用线非常自由、随意，画面线条生动流畅、乱中有序、主次分明。该类草图最好面对实景即兴创作，一般只用中性笔和一次性草图笔完成，纸张多为 A4 以内的速写本，用时为 5~15 分钟。

1. 记录型草图解析

　　下图使用中性笔且不用铅笔作任何辅助，在 16 开的速写本上，高度自信地"记下"自己眼睛所看到的美景，近实远虚，主次分明。以小桥为视觉中心，向两侧快速蔓延笔触，线条随着感觉走，不拘泥于模式。用时 15 分钟，完成了一幅古建筑场景鸟瞰图。

2015-6

●作者：王美达

2. 记录型草图作品欣赏

● 作者：王美达

● 作者：王美达

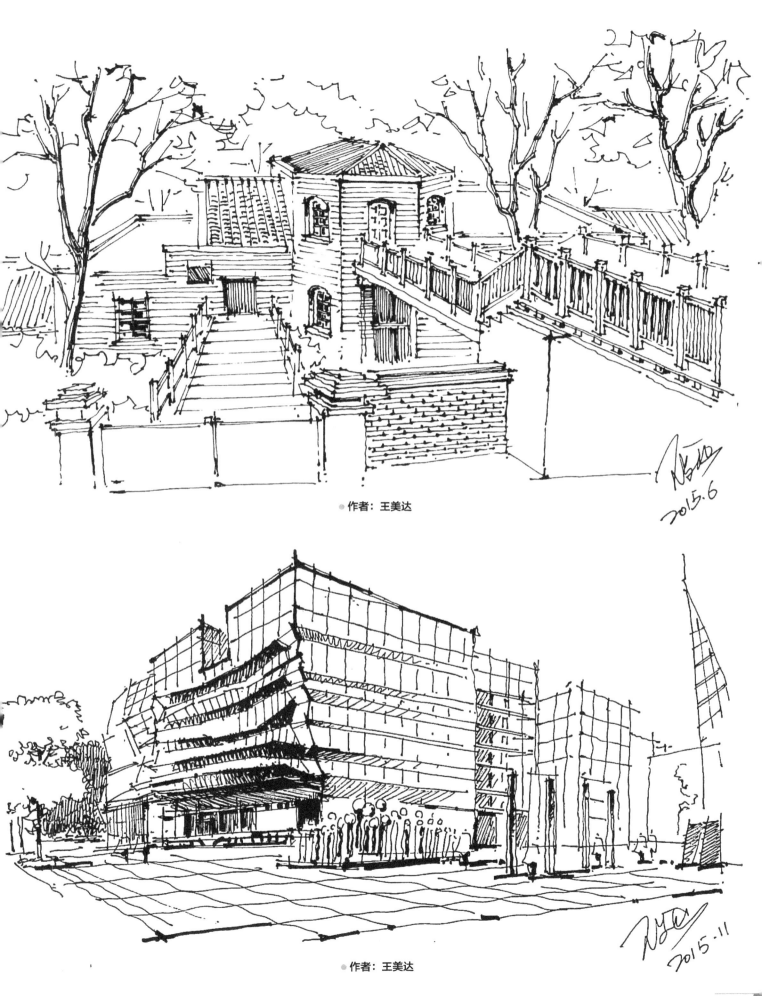

● 作者：王美达

2015.6

● 作者：王美达

2015.11

●作者：王美达

●作者：王美达

┃ 4.1.3　效果推敲型草图 ┃

效果推敲型草图往往用于画一幅较精致手绘图前的"热身"，通过草图，推敲画面的构图、比例、重点、疏密和空间等关系。该类草图用笔较为"豪放""大气"，多以划线为主，特别是在推敲画面的主次与空间关系时，还可用黑色马克笔或草图笔为画面施加重色；如遇较长直线，还可借助直尺"修型"。如此，该类型草图的视觉冲击力较前两种草图要强很多，其中形体表现比较准确的草图，还可以作为马克笔上色的底稿之用。效果推敲型草图使用的主要工具为中性笔、草图笔、黑色马克笔和修正液等，版幅多为 16 开或 A4 纸大小，无须太大，用时为 10~30 分钟。

1. 效果推敲型草图解析

（1）选好一张难度较高的建筑场景的照片。如果追求较高质量的建筑手绘图，且对一次性完成该图没有把握，可先手绘效果推敲型草图，对画面关系加以分析。

●摄影：王美达

（2）手绘效果推敲型草图，应放松心态，不求用线精准，但求意向到位。直接用墨线笔在较小的画纸上从画面的构图开始画起（构图应将前景的植物进行适当的删减、概括，以免抢夺建筑主体的视觉重心），接着进一步刻画建筑的主要结构（体现大关系即可，无须深入太多）；最后，利用线条的疏密关系，进行画面层次的区分、画面主次的区分，以及视觉中心的强调等。当这些画面关系通过草图能做到了然于胸时，该效果推敲型草图亦将完成。

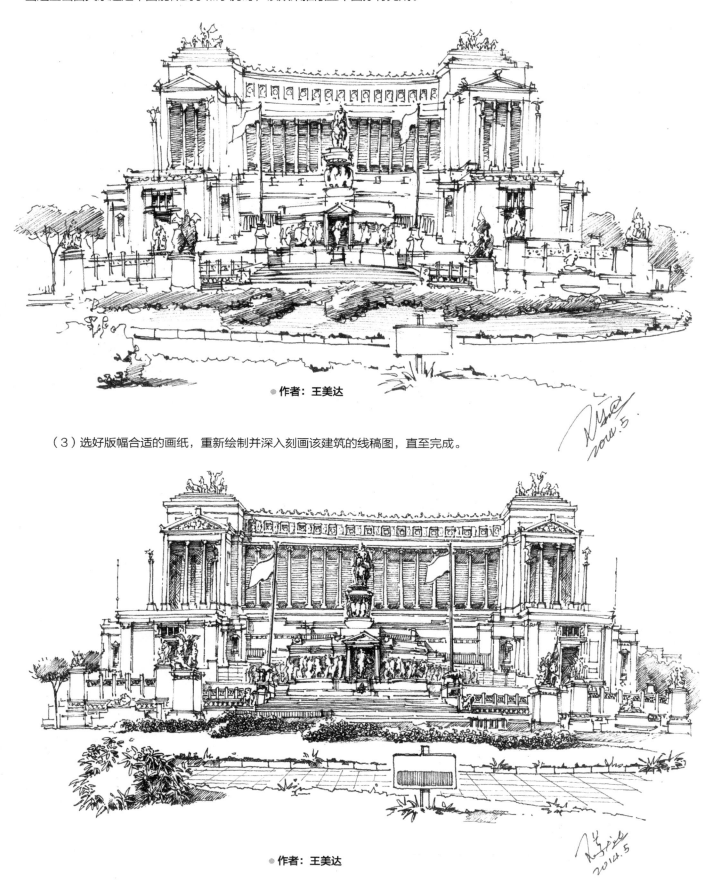

● 作者：王美达

（3）选好版幅合适的画纸，重新绘制并深入刻画该建筑的线稿图，直至完成。

● 作者：王美达

2. 效果推敲型草图作品欣赏

（1）组图欣赏一

● 场景照片（摄影：赵秋雯）

● 效果推敲型草图（作者：王美达）

● 线稿手绘完成图（作者：王美达）

（2）组图欣赏二

● 场景照片（摄影：王美达）

效果推敲型草图（作者：王美达）

线稿手绘完成图（作者：王美达）

● 作者：王美达

● 作者：王美达

● 作者：王美达

● 作者：王美达

●作者：王美达
2015-5

●作者：王美达
2017.3.

　　草图本身就是一种过程的产物，每个人都可以画，不必刻意要求其视觉效果，但手绘功底越强的画者，其草图效果的艺术性自然越高，因此，很多企业会以草图的形式来考核设计师的设计能力与艺术修养。

4.2 表现型建筑线稿手绘

表现型建筑线稿手绘，以表达建筑与场景之间的关系为主要目的。这种线稿手绘图可简可繁，一般以线条为主要表现手段，适当辅以光影或明暗，其主要特征是场景完整而丰富。表现型建筑线稿手绘，可以单色独立构成画面，还可以此为底稿，用马克笔辅以色彩，构成更为生动的马克笔建筑手绘效果图。本节将通过建筑照片写生的手绘步骤演示，详细讲解各种类型建筑的表现型线稿手绘技法。

| 4.2.1 塔形建筑线稿手绘表现 |

步骤 01 实景照片分析。本图中的建筑是位于北戴河的碧螺塔，该场景涉及建筑、水体和岩石等多种表现项目，曲线、曲面较多。可将该图定义为一点透视视角。绘制建筑需抓住视平线等分析层级关系，通过视觉观察构造建筑形体；灭点对本图的意义不大。

步骤 02 构图分析。该图主体突出，但画面左半部分比较单薄，右侧显得较压抑。可在深灰色椭圆区域勾勒云彩，使画面平衡。白色椭圆内岩石的线条处理要干净利落，暗部用排线处理即可。黑色虚线为视平线，灭点为 O 点。

● 摄影：王美达

● 电脑处理：王美达

步骤 03 在纸面上先用铅笔定好视平线和灭点位置，按照透视和比例关系画出建筑的外形和配景的轮廓。

步骤 04 用签字笔先对塔进行刻画，逐层绘制。

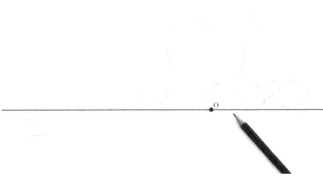

● 示范：王美达

● 示范：王美达

步骤 05 用签字笔表现塔顶层次时，需注意各层结构的位置对应关系，建筑的曲面可以用有弧度的划线来画。

步骤 06 继续用签字笔完成建筑的植物配景。由于植物比较小，这里以"用点画树"的方法绘制。注意树冠的层次关系，以及各树之间形态的区别，避免重复。

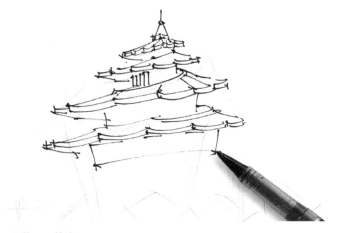

●示范：王美达

●示范：王美达

步骤 07 用签字笔进一步完成建筑及周边的配景。画礁石时，先画出岩石与海水接触位置的线条，再用硬折线勾勒主要岩石轮廓的结构。

●示范：王美达

步骤 08 用签字笔进一步画出栈桥的支柱，完善所有的岩石轮廓，以及远处的栈桥。

●示范：王美达

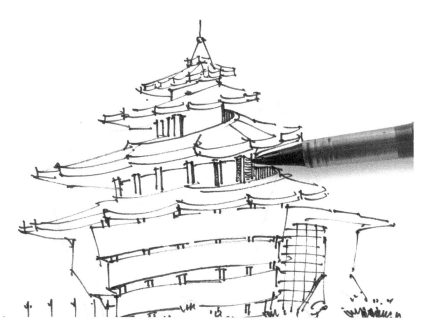

步骤 09 设定光源在右上方，用签字笔排线，画出塔顶转折处暗部的光影效果（此处颜色最深）；阴影部分线条以垂直线为主，要密集，与非暗部结构形成强烈的对比效果。

● 示范：王美达

步骤 10 设定光源在右上方，用签字笔排列垂直线条，刻画岩石暗部和投影效果。岩石亮部和灰部留白，进而达到区分岩石前后空间的效果。然后，在岩石与水面的衔接处，用横向排线渐疏地排出岩石在水面上的倒影。

● 示范：王美达

步骤 11 用草图笔刻画栏杆的细节，加重暗部，增加其立体感。主观选择岩石的水面倒影中距自己最近的部分施加重笔，强调层次感。

● 示范：王美达

步骤12 用签字笔排线加强配景植物的暗部,可使塔底部显得更加稳重。注意排线要给植物留出一定面积的亮部,注意层次的变化。

●示范: 王美达

步骤13 用折线补充画面左侧的空缺,注意折线要有力且流畅。整理画面各部分的关系,完成画稿。

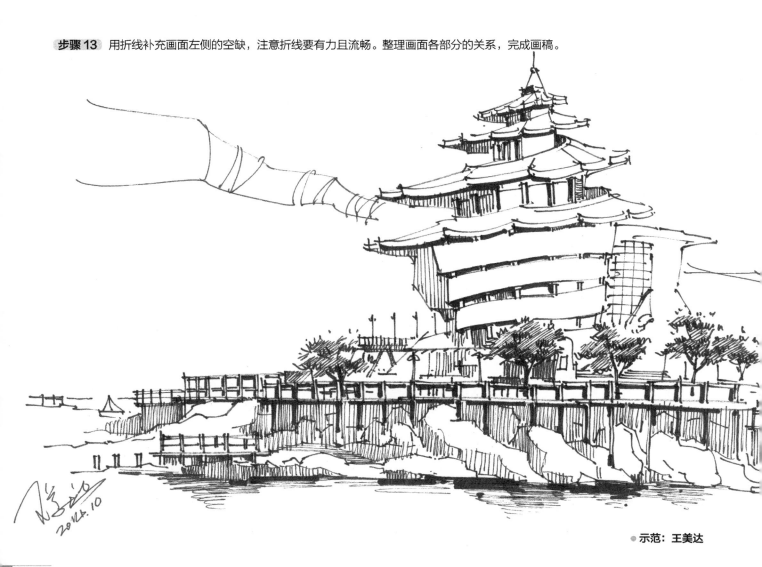

●示范: 王美达

┃ 4.2.2 古镇商业建筑线稿手绘表现 ┃

步骤 01 实景照片分析。本图为古镇商业步行街局部街景。该场景涉及建筑、人物、绿化和商品等表现项目。应注意商业气氛的烘托与画面的空间层次关系。

步骤 02 构图分析。该画面的重点在于表现左侧建筑立面和中心过街的建筑廊道。图中建筑细节较多，表现时应有取舍。对左上角白色椭圆中的树枝进行概括处理，左下角白色椭圆处杂乱放置的木板要适当归纳，右侧白色椭圆中玻璃的反光和从门洞里看到的商品不宜过实，可进行删减处理。黑色虚线为视平线。

● 摄影：王美达

● 电脑处理：王美达

步骤 03 用铅笔在纸面垂直方向自上至下大约 2/3 高度的位置画出视平线，在纸面右侧设置灭点O，按照比例画出建筑的外轮廓、人物、配景的位置和轮廓。

步骤 04 用签字笔先刻画离观者最近的左上角配景树，以树枝为主，树枝末梢挂少许树叶。

● 示范：王美达

● 示范：王美达

步骤 05 用签字笔进一步完成建筑、盆栽和台阶等物体的外轮廓，线条以拖线为主。

● 示范：王美达

步骤 06 接下来是对画面中心建筑的刻画，特别要重视窗格细节结构的小透视，使每一根木条都具有立体感。

● 示范：王美达

步骤 07 用签字笔绘制人物。因为人物在该画面中的比例较大，所以要将人物的身体结构、动作和衣服的褶皱等适当加以表现，线条要轻松灵活。

● 示范：王美达

步骤 08 用签字笔进一步完成背景建筑和左侧建筑门板的刻画。注意，背景建筑要进行概括处理，不能画得太实。左侧建筑墙面的门板要巧妙地安排其疏密关系，使其对前方的盆栽起到衬托作用。

● 示范：王美达

步骤 09 继续用签字笔深入绘制画面细节，刻画屋面瓦楞的肌理和屋檐结构。

● 示范：王美达

步骤 10 用签字笔排线，通过对人物衣物和投影的刻画，对场景中的人物加以强调。

● 示范：王美达

步骤 11 盆栽位于画面的最前面，具有前景功能。先用签字笔排线加强其暗部，再用草图笔强调植物的茎，增强其对比度，细节无须增加。

● 示范：王美达

步骤 12 左上角的配景树亦为前景，因此可用与绘制盆栽同样的手法处理。

● 示范：王美达

步骤 13 调整画面线条的疏密关系，完成画稿。

● 示范：王美达

| 4.2.3 现代高层建筑线稿手绘表现 |

步骤 01 实景照片分析。本图为现代高层建筑，该场景涉及前后两座高层建筑，手绘时要注意主次关系。同时，该场景涉及建筑、配景车辆和人物等表现项目，要根据画面关系予以取舍。

步骤 02 构图分析。画面的重点是主体高层建筑，因此，对其后方白色椭圆内的建筑要进行概括和弱化处理。画面左下角白色椭圆内的建筑，如实表达有重复之嫌，可根据画面整体构图予以省略。画面右下方白色椭圆内的公交车挡住了建筑落地的结构，需将其拉入画面中景范围，深入刻画，并加重其体量感，使建筑显得更加稳定。画面右侧深灰色椭圆内较空，需增加远景树。白色水平虚线为该场景的视平线，作画前必须明确。

● 摄影：王美达

● 电脑处理：王美达

步骤 03 用铅笔在纸面偏下的位置定好视平线，灭点在画面外，做到心中有数即可。先画好建筑的轮廓，再以此为参照，按比例画出人物和车等配景的位置。

步骤 04 用签字笔从高层建筑的轮廓画起。较长的直线不容易控制，可以在中间断开，不影响整体效果。

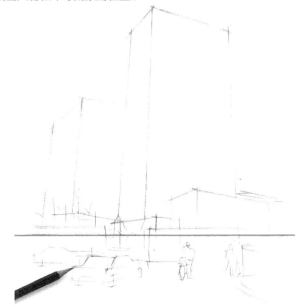

● 示范：王美达

● 示范：王美达

步骤 05 继续用签字笔画建筑的底层和周围配景的结构，注意要从前往后画，线条应放松，近实远虚。

● 示范：王美达

步骤 06 用签字笔画建筑的分层线。先按照透视关系，用单线为高层建筑分层，近处高层用线较实，远处高层用线要概括。单线画完，再将近处建筑的分层线补成双线，远处的不需要处理，以区分空间关系。

● 示范：王美达

步骤 07 用签字笔竖向排线分隔出窗户，注意透视关系。

● 示范：王美达

步骤 08 进一步刻画玻璃幕墙的细节，注意近实远虚。

● 示范：王美达

步骤 09 继续用签字笔调整高层建筑下方的疏密关系。为了更好地区分主楼和配楼的前后关系，此图在配楼顶部，按照受光关系加密排线。

步骤 10 用签字笔进一步调整画面的疏密关系。为车窗排线，注意疏密，留出高光部分，以体现玻璃的光泽。

● 示范：王美达

● 示范：王美达

步骤 11 根据画面的整体关系，下方需要加重的部分均可用签字笔加密排线。

步骤 12 用草图笔为画面加重色。画面下部的汽车和人物等配景的阴影需重点加强。

● 示范：王美达

● 示范：王美达

步骤13 画面中树枝、路灯和围栏等线状物体，可用草图笔加重其背光的结构线，以突出其立体感。调整画面，完成效果图。

● 示范：王美达

│ 4.2.4　现代滨水建筑线稿手绘表现 │

步骤 01　实景照片分析。本图中的建筑为现代风格的水上咖啡厅，该场景涉及建筑、绿化和水体等多种表现项目，线条疏密、软硬变化较多，特别是为了更好地烘托主体建筑，对周边的很多配景要进行合理的取舍。

● 摄影：王美达

步骤 02　构图分析。该图层次明确，但细节颇多，为了更好地表现建筑，必须对白色椭圆中的内容进行概括处理，主要包括前景的绿化、中景的倒影和背景建筑。黑色的水平虚线为该场景的视平线，作画前必须明确。

● 电脑处理：王美达

步骤 03　本图的造型比较简单，而且通过前几幅图我们已经熟悉了视平线和灭点的意义，以及建筑线稿手绘的过程。本图我们可以大胆地尝试一下用签字笔直接起稿绘图。第一，观察纸面，在心里构思好整幅图的构图；第二，按照两点透视的规律，对视平线和灭点在画纸上的位置加以目测，做到心中有数；第三，确定出主体建筑的高度，根据两点透视规律，用签字笔从建筑顶部的最强转角线开始画起。

● 示范：王美达

步骤 04　根据两点透视的规律，用签字笔按照比例画出建筑主体和栏杆的体块关系。

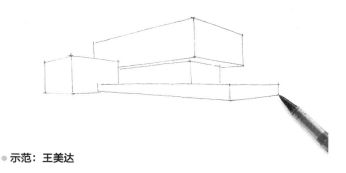

● 示范：王美达

步骤 05　用签字笔按照图中的数量画出平台下的支撑柱，暂时不必刻画其细节，单线勾画即可。

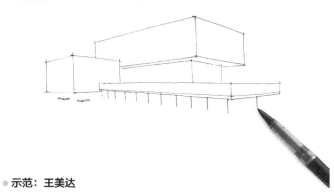

● 示范：王美达

步骤 06　用签字笔按透视关系刻画平台下支撑结构的具体构造。

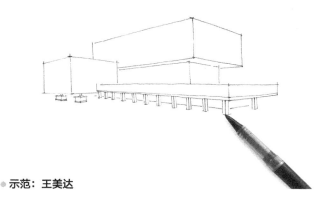

● 示范：王美达

步骤 07 用签字笔画出前景树的大体轮廓，注意刻画草本植物的地方，轮廓线适当断开，预留空间。

步骤 08 用签字笔画出草本植物的锐角轮廓，并画出建筑右侧水岸线的石块和建筑物。

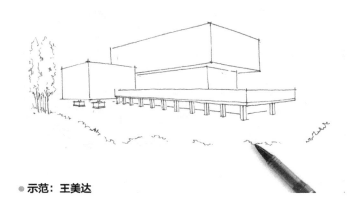

● 示范：王美达

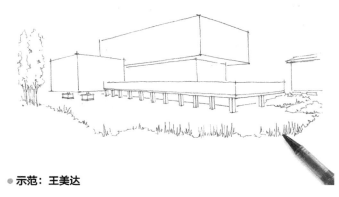

● 示范：王美达

步骤 09 用签字笔进一步画出建筑的结构和周边的小品与附属物，注意闭合遮阳伞前后的虚实关系。

步骤 10 用签字笔画出背景建筑的主要结构，细节尽量概括，用线要干净利落。

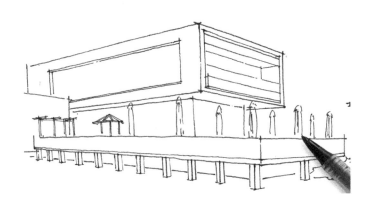

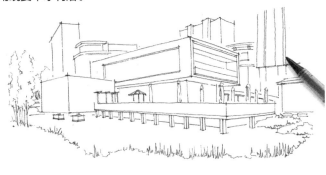

● 示范：王美达

● 示范：王美达

步骤 11 用签字笔进一步刻画建筑外墙的肌理效果。

步骤 12 用签字笔刻画建筑左侧部分的空间结构，注意线条虚实关系的对比。

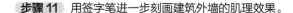

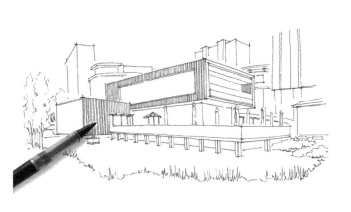

● 示范：王美达

● 示范：王美达

步骤13 用签字笔画出建筑墙面的玻璃结构。

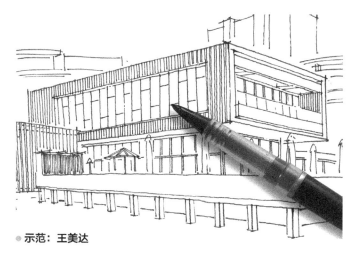

●示范：王美达

步骤14 用签字笔刻画栏杆单元立柱的结构。

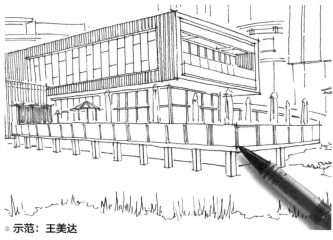

●示范：王美达

步骤15 用签字笔密排竖线，刻画栏杆的细节。根据近实远虚的规律，栏杆结构要做到近密远疏。

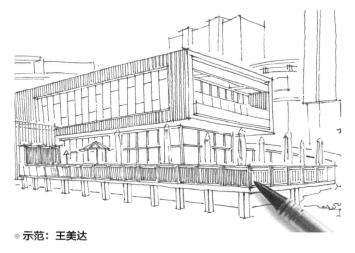

●示范：王美达

步骤16 用签字笔以拖线的方式简略勾勒出建筑在水面上的倒影，重点绘制平台底面在水中的反射结构，其余构造则几笔带过即可。

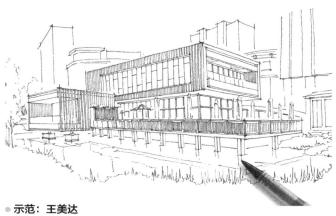

●示范：王美达

步骤17 根据近实远虚的规律，用签字笔按照倒影的结构方向排线，加强平台底部和水面倒影的刻画。同时，还要加重建筑各个结构的底面。

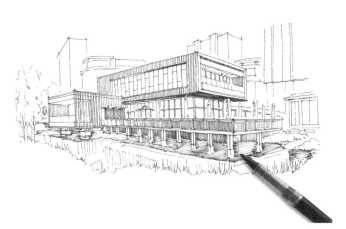

●示范：王美达

步骤18 用签字笔排线，强调右侧建筑二楼阳台的光影关系。这部分为建筑主体的点睛之笔，线条要密集，加强对比。

●示范：王美达

步骤 19 用签字笔深入刻画平台支撑柱部分的光影关系。

● 示范：王美达

步骤 20 用签字笔适当加强建筑左侧部分的内部空间颜色，进而突出内外空间结构的层次感。

● 示范：王美达

步骤 21 选用较细的一次性针管笔，以 45° 角斜排线，加重建筑玻璃幕墙背光部分，增加画面对比关系。

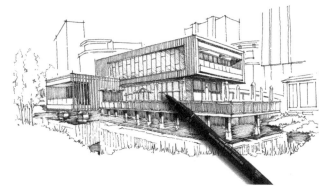

● 示范：王美达

步骤 22 用较细的一次性针管笔，为背景建筑的暗部增加分层结构线，使其有微弱的明暗对比关系。

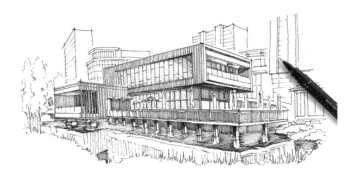

● 示范：王美达

步骤 23 用草图笔强调建筑线性装饰结构的暗部，以及平台围栏两柱的间隙部分，以丰富细节、增强立体感。注意，用草图笔施加重色要从最暗点起笔，控制笔触由密变疏，均匀过渡，不可一笔画得太死。

● 示范：王美达

步骤 24 用草图笔加重前景树暗部区的转折处，强化其对比关系。

● 示范：王美达

步骤 25 调整画面，完成最终效果图。

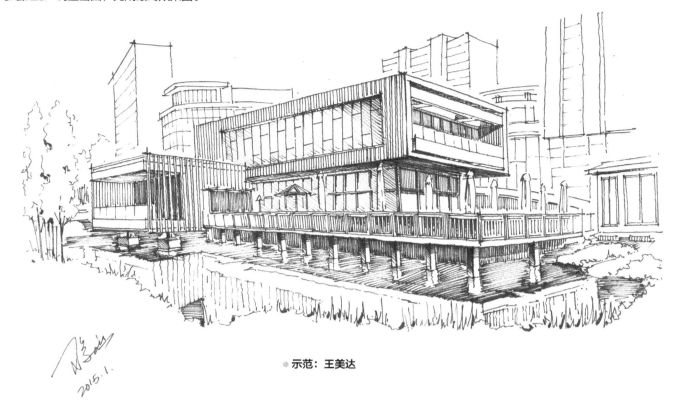

● 示范：王美达

| 4.2.5 北方民居建筑线稿手绘表现 |

步骤 01 实景照片分析。本图建筑为北方乡下民居建筑，该场景涉及建筑、植物、石墙和木柴等多种表现项目，颇具原生态气息。特别是建筑后面大面积的树木，对建筑起到良好的烘托作用。该图笔法应以拖线为主，画出速写的"生活味"，周边很多配景要进行合理的取舍。

步骤 02 构图分析。该图层次明确，细节颇多，白色椭圆范围的内容属于画面前景，需进行概括，中景建筑应注意刻画细节并加强对比，背景树木应选择有效的方法加以表现，使之更好地衬托画面。另外，该场景不规则事物较多，灭点对于画面造型的作用不大，不必刻意寻找，白色水平虚线为该场景的视平线，应加以重视。

● 摄影：王美达

● 电脑处理：王美达

步骤 03 为了推敲构图关系和画面效果，我们可先快速画一张效果推敲型草图，该图我们用黑色马克笔大面积平铺了房屋后面的背景，发现其烘托画面的效果比较理想。

●示范：王美达

步骤 04 做到万事俱备，开始画正式的线稿手绘图。本图内容比较简单，加之确保线条的流畅性，可以直接用中性笔起稿。观察照片，明确该图的两点透视规律，确定好主体建筑在画面中的位置，从其屋面轮廓开始画起。注意勾头和滴水处要用半圆形正反曲线逐一连接绘制。

●示范：王美达

步骤 05 用中性笔在建筑左前方绘制木柴和矮墙的轮廓，使用拖线，用线要流畅自然。

●示范：王美达

步骤 06 用中性笔画出院落木门的轮廓，再绘制建筑接地位置的事物，注意木柴与台阶保持一定的疏密关系。

●示范：王美达

步骤 07 用中性笔绘制右侧矮墙的大体轮廓和主要结构关系，并完成左侧木门的结构刻画。

步骤 08 用中性笔绘制左侧前景植物，植物很多，要先画最前面的，注意先画植物的枝或茎的脉络，再增加叶片，叶片要画出遮挡关系。

● 示范：王美达

● 示范：王美达

步骤 09 用中性笔进一步画出前景植物的全部结构，注意植物叶片的角度、方向及层次变化。

步骤 10 用中性笔画出画面左侧的电线杆、木柴堆和电线等事物。

● 示范：王美达

● 示范：王美达

步骤 11 用中性笔开始画右侧矮墙上的木柴堆，先画轮廓。

步骤 12 继续用中性笔刻画木柴堆内部结构，由近至远逐渐概括。

步骤 13 用中性笔刻画主体建筑的结构。在排门窗位置时，发现之前画的建筑轮廓在水平方向略短，似乎出现了问题！无须惊慌，这种现象在建筑手绘中常见，不必在意那条画得失准的轮廓线，"就当它不存在"，只需在原有基础上，按正确的结构比例补上房屋右侧的轮廓即可。

步骤 14 用中性笔刻画建筑墙面结构。

步骤 15 用中性笔刻画建筑屋面，先按结构规律用虚线画出瓦槽的轮廓线。

步骤 16 用中性笔刻画建筑屋面的瓦片肌理，通过这一步，之前画错的轮廓线便可"掩埋"在其中。

步骤 17 用中性笔刻画右侧石墙的石块结构，注意疏密关系。

步骤 18 用中性笔刻画右侧石墙接地处的碎物，该处线条的密集处理可更好地衬托地面的石块和杂物，并可成为墙与地面的过渡带，丰富画面层次。

步骤 19 用中性笔以断线画出背景轮廓。设置光源在右上方，利用排线画出建筑和木栅栏门后的杂草。

步骤 20 用草图笔加深建筑玻璃窗的重色，注意运笔与窗棂线靠齐，并留出一定空白，避免涂"死"。

● 示范：王美达

● 示范：王美达

步骤 21 用草图笔根据光源方向，加重前景和中景事物的投影、暗部和空隙等。如此做法，一方面增强画面对比关系，另一方面与建筑的玻璃效果取得协调与过渡，使建筑不孤立。

步骤 22 用草图笔密排背景树，得到成片的效果，适当注意疏密关系。

● 示范：王美达

● 示范：王美达

步骤 23 根据光源方向，用中性笔画出场景中各事物在地面上的投影轮廓线。

● 示范：王美达

步骤 24 用中性笔横向排线，完成地面上的投影，加强场景的稳定感。

● 示范：王美达

步骤 25 前景植物中较靠后的和较暗的叶片可用中性笔排线，丰富层次关系。

● 示范：王美达

步骤 26 调整画面关系，完成效果图。

● 示范：王美达

┃ 4.2.6　现代大型建筑线稿手绘表现 ┃

步骤 01　实景照片分析。本图属于现代大型建筑，该场景涉及建筑、汽车、绿化和小品等多种表现项目。要注意建筑与周围环境配景之间的比例关系和空间层次关系。

步骤 02　构图分析。该图层次明确，但要表现的内容较多，所以要注意详略得当。为了更好地表现主体建筑，必须对画面中间白色椭圆范围内的建筑进行概括处理，另外，画面下方白色椭圆范围内的车辆也需提炼概括。该图可按照两点透视规律绘制，黑色水平虚线为该场景的视平线，两个灭点都在画面以外位置，作画前必须明确。

● 摄影：王美达

● 电脑处理：王美达

步骤 03　该图较为复杂，我们可以先画出一张效果推敲型草图，研究一下画面主要表达的内容。直接用中性笔勾勒该场景的大体构图关系，并用黑色马克笔加强画面对比关系，特别要注意对建筑主入口的强调。

步骤 04　开始绘制正式图，在纸张靠下三分之一处用铅笔定位视平线，该图为两点透视，左右灭点都在画面外，需要画者心中有数。

● 示范：王美达

● 示范：王美达

步骤 05 根据两点透视规律，我们先用铅笔以划线快速定位该场景的构图关系，确定建筑和配景的位置。

步骤 06 按照两点透视规律，用铅笔进一步增加建筑结构，建筑下方的汽车只需要表示其基本体量关系即可。

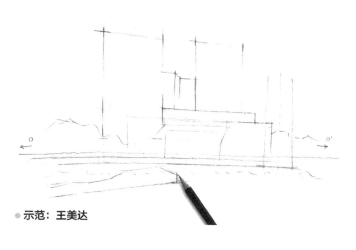

● 示范：王美达

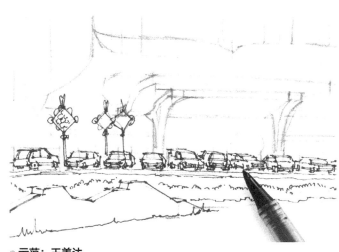

● 示范：王美达

步骤 07 开始上墨线，用签字笔先画出前景小品与绿化的轮廓。

步骤 08 由近及远，接下来用签字笔画出建筑下方小汽车的轮廓，注意汽车的角度要有一定的变化，不需要刻画细节。

● 示范：王美达

步骤 09 用签字笔重点画出建筑雨棚和裙房的轮廓与主要结构，并完成中景区域植物和设施结构的绘制。

● 示范：王美达

步骤10 接着用签字笔绘制高层建筑的主要结构。注意在表现大型建筑时要学会概括，根据该建筑的线条特征，可以用竖向线条来表示侧立面的开窗与构造，要注意线条疏密、虚实过渡。正面弧形玻璃幕墙，也要以弧线表示其分层结构。

● 示范：王美达

步骤12 接下来用签字笔刻画裙房的立面肌理，包括玻璃幕墙的玻璃拼接线以及雨棚的饰面板拼接线等。

● 示范：王美达

步骤14 用签字笔竖向排线，加重前景和中景的绿化，与相邻小品的留白形成对比关系。

● 示范：王美达

步骤11 用签字笔进一步刻画弧形玻璃幕墙的结构线，再绘制出高层屋顶出挑构件的细节。

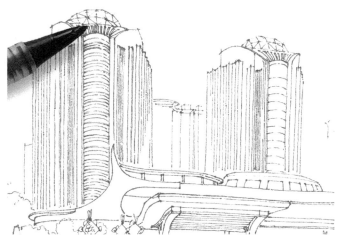

● 示范：王美达

步骤13 用签字笔以万能线画出背景树的层次结构，线条要放松，有变化。

● 示范：王美达

步骤15 用签字笔以间距更大的竖线条排线，平铺远景植物。注意亮部要留白并在暗部适当增加树枝，以区分背景树各层次关系。

● 示范：王美达

步骤16 用签字笔以竖向排线将图中所有绿化的层次关系调整完毕。注意通过线条的疏密，体现前景的体面对比关系、中景的细节强调关系，以及背景的虚化过渡关系。

● 示范：王美达

步骤18 用一次性针管笔刻画高层建筑立面弧窗的质感，窗台处留白，能看到室内空间的部分加重，且要在弧形转折处适当留出高光。注意左侧高层刻画得实一些，右侧高层刻画得虚一些。

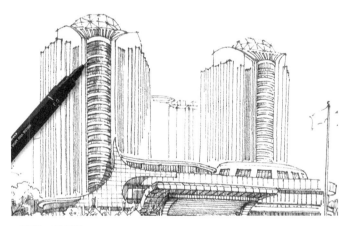

● 示范：王美达

步骤20 用草图笔画出汽车在地面的阴影，并提炼主入口和前景的重色，加强画面对比关系。

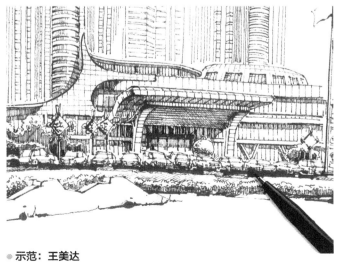

● 示范：王美达

步骤17 选用较细的一次性针管笔，深入刻画入口与裙楼的光影关系，加强对比，强调视觉中心。

● 示范：王美达

步骤19 用一次性针管笔画出高层后方建筑的分层线，不需要绘制过多细节，与主体建筑形成虚实对比，突出空间感即可。

● 示范：王美达

步骤21 用草图笔调整画面全局的对比关系，特别是加强中景旗杆和干枝树的暗部结构线。整理画面，完成效果图。

● 示范：王美达

| 4.2.7　欧式建筑线稿手绘表现　|

步骤 01　实景照片分析。本图建筑为巴黎圣母院，属于欧式经典建筑。欧式建筑装饰精致，结构复杂，在表现时要注意建筑的比例、结构和细节等方面的处理。同时，该场景还涉及绿化、人物和配楼等，表现时应注意建筑与配景的主次关系。

步骤 02　构图分析。该图的配景人物较多，为了更好地表现建筑，处理好建筑与配景之间的关系，必须对画面中现有景物进行一定的删减和增添。为了保持画面平衡，画面中深灰色椭圆处需要增添一些表现项目；白色椭圆处的人物需删减。黑色水平虚线为视平线，作画前必须明确。

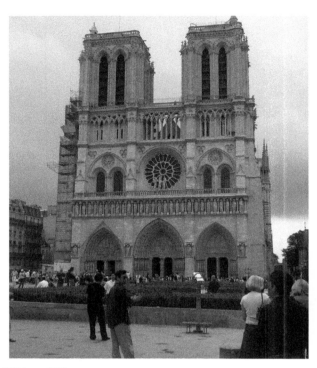

● 摄影：王美达

● 电脑处理：王美达

步骤 03　欧式建筑比较复杂，我们可以先画出一张效果推敲型草图，对画面所需表现的内容加以分析。直接用中性笔勾勒该场景的大体构图关系，之后用黑色马克笔适当强调画面的主次、明暗关系。

步骤 04　开始绘制正式图，在纸张靠下三分之一处用铅笔定位视平线，该图为两点透视，右边灭点 O′ 可定在画面里（如下图），左边灭点应在画面外，需要画者心中有数。

● 示范：王美达

● 示范：王美达

步骤 05 根据两点透视规律，我们用铅笔勾勒该场景的大体构图关系，注意建筑大小、比例、分层，以及配景位置的确定。

步骤 06 为了确保该图的准确性，我们可根据两点透视规律，用铅笔进一步画出建筑的门和窗等主要结构。

● 示范：王美达

● 示范：王美达

步骤 07 该建筑立面横向纵向呈三段式结构，我们用签字笔从建筑的顶部开始画起，注意刻画顺序，先画轮廓，再画结构，最后画细节。

步骤 08 用签字笔刻画地面部分的配景，注意近景人物可较为清楚地画出其身体结构，渐远的事物逐渐概括。

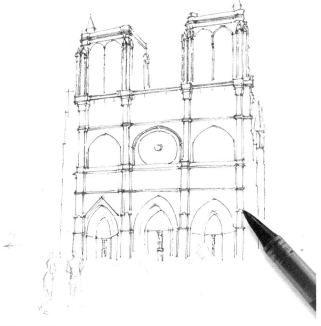

● 示范：王美达

● 示范：王美达

步骤 09 用签字笔从建筑顶部开始刻画结构的细节，注意欧式建筑复杂的线脚和装饰，尽量用多重的线进行表达，给人以丰富感。

步骤 10 用签字笔进一步刻画建筑中段的弧形窗，注意要按照透视结构来表现。

● 示范：王美达

● 示范：王美达

步骤 11 继续用签字笔画出玫瑰花和弧形窗的主要结构，以及窗框等装饰细节。

步骤 12 用签字笔深入刻画玫瑰花窗的窗框及小雕像等饰物。

● 示范：王美达

● 示范：王美达

步骤 13 用签字笔继续往下刻画下面一层的壁龛，先画出壁龛的主要结构。

●示范：王美达

步骤 14 用签字笔增加壁龛内的小雕像，只需强调雕像暗部的线条即可，不要全部画实，留出亮部，注意由近至远，逐渐概括、弱化。

●示范：王美达

步骤 15 用签字笔画出底层门多层拱圈的结构，适当刻画花纹。

●示范：王美达

步骤 16 用签字笔深入刻画大门的各种花纹雕饰，注意适当概括，意到即可。

●示范：王美达

步骤 17 用签字笔刻画前景草坪处铁栅栏和植物的厚度，有意强化对比，使其突出一些。

●示范：王美达

步骤 18 用签字笔密排线画出前景人物及座椅的阴影，再根据两点透视规律，用较弱的水平线表达建筑墙面的石材肌理。注意要从下往上越画越虚，一方面保留建筑受光感，另一方面可使建筑给人以沉稳感。

步骤 19 选用较细的一次性针管笔，以排线加重建筑的门窗洞口。

● 示范：王美达

● 示范：王美达

步骤 20 继续用较细的一次性针管笔，以排线适当加重人物服饰，丰富前景人物内容。

步骤 21 用草图笔提炼加重画面中门窗洞口和各种投影最重色的部分，加强画面对比关系。

● 示范：王美达

● 示范：王美达

步骤 22 在重色的基础上，我们可用高光笔在窗框线受光方向提炼高光，加强窗框的立体感，改善窗洞口重色过"闷"的现象。

● 示范：王美达

步骤 23 将手绘图放在较远的地方，观察其整体与局部关系并进行调整，直至完成画稿。

● 示范：王美达

| 4.2.8　中式古建筑线稿手绘表现 |

步骤 01 实景照片分析。本图建筑为天王殿，属于中式古建筑。中式古建筑的表现要注意屋檐复杂的结构。同时该场景涉及主体建筑、塔、古树、石块和台阶等多种表现项目，在画面处理上要主次分明，合理取舍。

步骤 02 构图分析。该图层次明确，但涉及的表现项目较多，为了更好地表现建筑，必须对白色椭圆里的内容进行概括。包括石墙前的枯树及远景的建筑等。特别是松树和古塔出现了一条几乎重合的轮廓线，有构图问题，在手绘时需进行处理。另外，黑色水平虚线为视平线，作画前必须明确。

● 摄影：王美达

● 电脑处理：王美达

步骤 03 为了更好地研究构图关系，我们先画出一张效果推敲型草图。用中性笔起草画面建筑与配景的轮廓和结构，再用草图笔边思考边加强画面的重色，使场景主次分明，视觉中心更加突出。在该阶段我们尝试把松树的树干画得斜一点，古塔画得正一点，两个事物分开一定的距离，如此，既可避免两物相切，又可避免重复之误。

步骤 04 本书已介绍了大量的建筑线稿手绘流程，到现在这个阶段，加上草图的印象，我们应该具备直接使用墨线笔，为平透视图手绘起稿的能力。首先，观察照片，在心里做好整幅图的构图；接下来，调整心态，保持自信和轻微的兴奋感；目测建筑屋檐在纸面中的位置，使用签字笔，从屋檐的轮廓画起。

● 示范：王美达　　　　　　　　　　　　　　　● 示范：王美达

步骤05 根据两点透视规律，用签字笔勾勒出山门的斗拱、横梁和壁柱的造型，注意近大远小的透视关系。

● 示范：王美达

步骤06 用签字笔继续画建筑下部的高台结构和枯树。

● 示范：王美达

步骤07 用签字笔画出高台上栏杆的轮廓，画完立杆的位置关系后，对应画出扶手结构。

● 示范：王美达

步骤08 用签字笔继续完成栏杆的立柱结构，画出高台台阶的坡度。

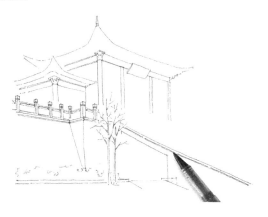

● 示范：王美达

步骤09 用签字笔画出台阶栏杆的基本结构，着重表现左侧栏杆的游龙造型，线条要灵活、生动，在顶部刻画龙头的轮廓。近处的游龙轮廓画完后，再画远处的栏杆和游龙造型，以及远处高台上的栏杆。

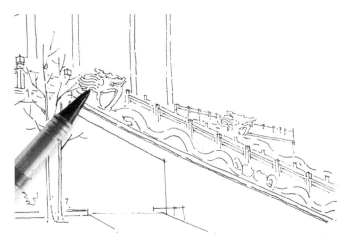

● 示范：王美达

步骤10 用签字笔刻画前景树的树干和树枝。注意该树树干要适当向左倾斜，树枝要具有松树的特征。

● 示范：王美达

步骤 11 用签字笔以较虚的线条画出山门右侧建筑的轮廓。

● 示范：王美达

步骤 12 用签字笔画出古塔的轮廓，注意先用点定位古塔中轴线，再分层绘制。

● 示范：王美达

步骤 13 用签字笔画出高台门洞的结构。

● 示范：王美达

步骤 14 整个场景的基本轮廓完成，接下来用签字笔刻画主体建筑的结构细节，先从山门的勾头滴水结构画起。

● 示范：王美达

步骤 15 用签字笔刻画山门飞檐与斗拱的结构，注意根据空间远近关系适当概括。

● 示范：王美达

步骤 16 用签字笔画出山门左侧建筑的飞檐和斗拱结构。

● 示范：王美达

步骤 17 用签字笔刻画山门右侧建筑的屋檐结构，注意与主体建筑的虚实关系。

● 示范：王美达

步骤 18 用较细的一次性针管笔排线，画出建筑门洞和高台下部灰色空间的暗部及阴影。

● 示范：王美达

步骤 19 继续用针管笔排线，刻画游龙造型、台阶侧壁和栏杆等构造的暗部，表现这些造型的逆光效果。

● 示范：王美达

步骤 20 用针管笔排线，表现高台转角处的光影效果。

● 示范：王美达

步骤 21 用草图笔提炼加深山门入口的暗部，强调主入口。

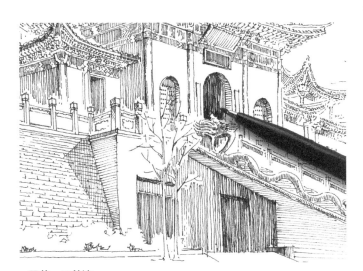

● 示范：王美达

步骤 22 用签字笔排线刻画建筑暗部，注意根据建筑的结构分层排线，以竖向排线为主，线条疏密有致。

● 示范：王美达

步骤 23 用签字笔为前景树靠后的树枝排线，进一步丰富树枝的空间层次，再根据受光关系画出古塔的暗部和投影。

● 示范：王美达

步骤 24 根据受光关系，用草图笔加重前景树树干的上部，笔触可模仿树皮的画法，有利于拉近前景的空间。

● 示范：王美达

步骤 25 用草图笔以分组的点画法表现松针结构，丰富前景树树冠。

● 示范：王美达

步骤 26 用草图笔提炼加重建筑暗部结构的阴影，增加对比度，使主体建筑更加突出、醒目。

● 示范：王美达

步骤 27 将画面放置得远一些，从宏观角度观察画面关系，用草图笔提炼画面重色，特别是加强枯树等线性造型的暗部。

● 示范：王美达

步骤 28 用较细的一次性针管笔以竖向短线密排，画出大片较灰的背景树，注意与古塔形成疏密对比关系。

● 示范：王美达

步骤 29 进一步调整画面细节关系，直至完成画稿。

●示范：王美达

| 4.2.9 现代建筑鸟瞰线稿手绘表现 |

步骤 01 实景照片分析。本图将要手绘现代风格建筑鸟瞰线稿图。该图涉及场景规模较大，周围建筑和配景比较复杂，要处理好前景、中景和背景之间的层次关系。

步骤 02 构图分析。鸟瞰视角看到的景物比较多，为了更好地突出主体建筑，必须对周围白色椭圆里的内容进行概括。主要包括前景建筑、树木、马路上的汽车和远景建筑。另外，为平衡画面，在深灰色椭圆处需适当将远山拔高一些，与右侧远山相平衡。黑色水平虚线为该场景的视平线，作画前必须明确。

●摄影：王美达

●电脑处理：王美达

步骤 03 该场景较为复杂，为了更好地掌控画面构图关系，我们可以先画出一张效果推敲型草图。直接用中性笔和草图笔配合绘制完成，注重大关系，用线尽量随意，不要拘泥细节，重点出画面的主次、疏密关系。

● 示范：王美达

步骤 04 开始画正式线稿，鸟瞰图比较复杂，通常需要用铅笔按照一定的方法为画面做好构图，再用墨线逐层深入。用铅笔在纸面靠近上边线三分之一左右的位置画下视平线，该图为两点透视，左右灭点 O 和 O' 都在画面外，需要画者心中有数。

● 示范：王美达

步骤 05 鸟瞰图建筑通常是先画出建筑在地面上的正投影，再将其升高，绘成立体造型。我们用铅笔先目测好地面在整个画面中的比例关系，再根据透视规律从场景的分区画起（区分道路、绿化和硬化铺装等），最后定位出建筑和配景的正投影平面。

● 示范：王美达

步骤 06 用铅笔深化一下地面上的景观与铺装位置，再以建筑平面正投影为基础，画出所有建筑的立边（该步骤可用平行尺辅助），最后目测建筑高度与投影边的比例，截取建筑的高度，完成建筑立体造型的轮廓。

● 示范：王美达

步骤 07 开始上墨线，先用签字笔画出画面左下角的建筑和树木轮廓。

● 示范：王美达

步骤 08 继续用签字笔画出主体建筑前方的配景轮廓。注意鸟瞰图的植物，树冠很大，树干很短，树冠底部适当用重笔。

● 示范：王美达

步骤 09 用签字笔在铅笔稿基础上勾勒出建筑的轮廓。

● 示范：王美达

步骤 10 用签字笔进一步完成建筑周边的配景，并用较虚的线画出远景建筑、树木和山峦的造型。

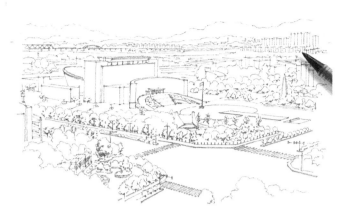

● 示范：王美达

步骤 11 用签字笔刻画主体建筑前半部分的结构。

● 示范：王美达

步骤 12 绘制主楼的立面窗洞，用签字笔先从窗户的上边线入手，定位出所有窗洞的宽度和间距，再绘制其竖向结构。

● 示范：王美达

步骤 13 窗洞的轮廓完成后，再用签字笔深入刻画窗户的结构造型，注意近实远虚的关系。

● 示范：王美达

步骤 14 用较细的一次性针管笔排线画出主体建筑的投影效果，重点加强入口处的光影关系。

● 示范：王美达

步骤 15 按照"用面画树"的方法，用签字笔绘制小螺旋线，刻画中景部分行道树后面的大片绿化，利用线条疏密对比的关系，将行道树留白。

● 示范：王美达

步骤 16 中景较远处的大片树丛，可用签字笔排线加重。排线不如小螺旋线细节多，因此该画法有利于向远处过渡植物的空间层次。

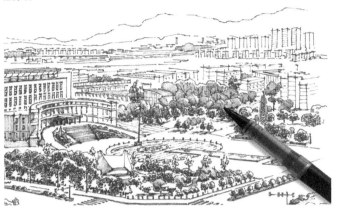

● 示范：王美达

步骤 17 参照"用面画树"的方法，用签字笔绘制小螺旋线丰富近景树丛的效果，注意在暗部加密小螺旋线，丰富层次关系，加强植物的体量感。

● 示范：王美达

步骤 18 将作品放置远一些，整体观察画面前景与中景植物的层次关系，并加以调整。

● 示范：王美达

步骤 19 选用较细的一次性针管笔，以斜向排线刻画背景事物，控制运笔的轻重及线条的疏密，渐远渐灰。

● 示范：王美达

步骤 20 用草图笔进一步加重画面的暗部和投影，先从中景入手。

● 示范：王美达

步骤21 用草图线笔加重画面前景的投影，使画面冲击力更强。

● 示范：王美达

步骤22 远距离观察画面，调整画面关系，完成画稿。

● 示范：王美达

┃ 4.2.10 根据鸟瞰建筑绘制建筑透视图 ┃

通过鸟瞰图的绘制，我们对整个建筑场景有了比较深入的了解，在此基础上，我们结合建筑学的专业知识，可以完成该建筑主立面图的透视表达。

步骤 01 根据鸟瞰图，我们选择能观察到最多结构的建筑正立面来表现。本图我们采取一点透视视角，先在画面距纸面上端约三分之二的位置，用铅笔画出视平线，灭点定在画面偏右的位置。

步骤 02 用铅笔以划线的方式画出视平线以上部分建筑的轮廓，注意弧形玻璃幕墙弯曲的角度。

● 示范：王美达

步骤 03 用铅笔进一步勾勒出视平线以下部分建筑前面圆形广场的轮廓，并定位配景的位置。

步骤 04 进一步用铅笔将旗杆、建筑台阶、主入口和窗洞口的结构定位准确，铅笔稿到此结束。

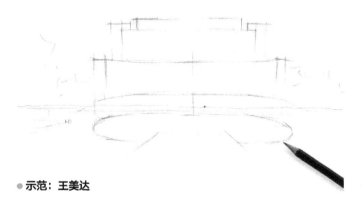

● 示范：王美达

步骤 05 用签字笔从近处画起，先勾勒出近景水池、圆形广场以及旗杆的轮廓。

步骤 06 用签字笔画出建筑弧形玻璃幕墙和台阶部分的轮廓，重点刻画主入口和台阶绿化部分的结构与造型，注意线条流畅。

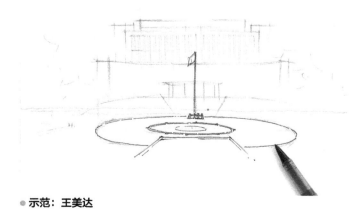

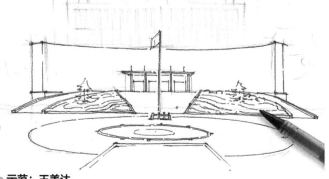

● 示范：王美达

步骤 07 用签字笔刻画幕墙后高层建筑的顶部造型结构，对于高层立面大量规则排列的条窗，我们参照铅笔稿，用短线定位出窗户的宽度和间距。

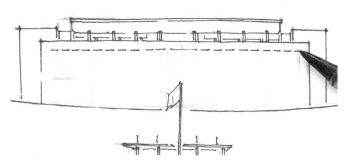

●示范：王美达

步骤 08 用签字笔画出完整的窗洞口轮廓。

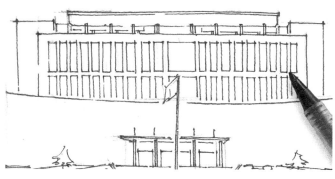

●示范：王美达

步骤 09 用签字笔以万能线画出建筑的配景植物。

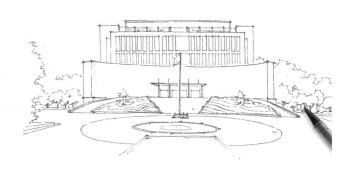

●示范：王美达

步骤 10 用签字笔按照一点透视关系画出广场铺装，并画出台阶的结构线。

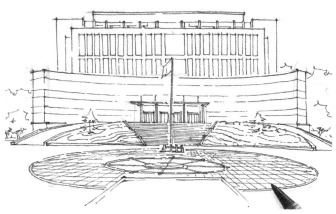

●示范：王美达

步骤 11 用较细的一次性针管笔深入刻画中景植物细节、玻璃幕墙的结构，以及幕墙后面高层建筑的条窗结构。再用斜排线加强玻璃质感，着重加强主入口的玻璃质感。

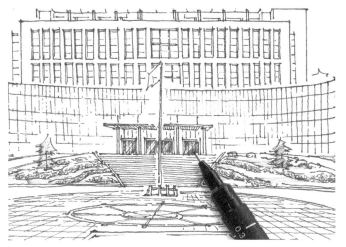

●示范：王美达

步骤 12 用签字笔沿水池边刻画水体，注意靠近边缘的排线密集一些，逐渐向下过渡。

●示范：王美达

步骤 13　用草图笔提炼画面的重色，包括建筑明暗交界线、建筑或景观的接地线、线性结构物体的背光线，以及水体与水池边相交处等，加强画面视觉冲击力。

● 示范：王美达

步骤 14　远观画面，调整画面整体关系，完成画稿。

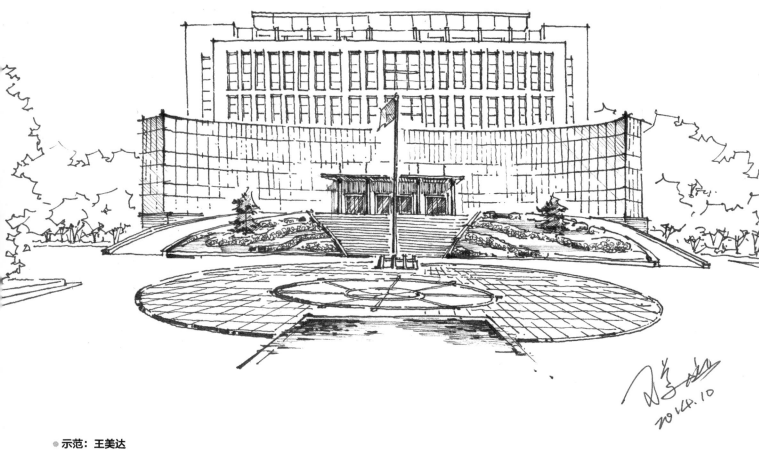

● 示范：王美达

4.3 精细型建筑线稿手绘——商业古建筑局部精稿表现

精细型建筑线稿手绘，以场景写实为主要目的，建筑整个场景的质感、光影和明暗都是表现的主要内容，场景的空间关系更是画面的重点。该类型线稿手绘耗时较长，需静下心来反复推敲画面整体到局部，局部到整体的协调与对比关系。本节我们以丽江古城商业建筑的一角为例，演示如何完成一张精细型建筑线稿手绘。

步骤 01 实景照片分析。本场景涉及建筑、绿化、池塘和休闲桌椅等多种表现项目。利用线条的疏密、虚实变化来表达事物、推导空间关系，是本类型手绘的主要方法。为了更好地突出重点，对于很多配景要进行合理的取舍，注意画面主次关系。

步骤 02 构图分析。该图细节颇多，为了更好地表现建筑，必须对白色椭圆范围内的内容进行概括，主要包括前景地面、花坛和中景植物。为了平衡画面，在深灰色椭圆处，可增添远景树。另外，黑色水平虚线为该场景的视平线，作画前必须明确。

● 摄影：王美达

● 电脑处理：王美达

步骤 03 在之前大量练习的基础上，本节我们直接用签字笔起稿，先目测好整体构图，按照两点透视规律从二层屋檐结构处入手刻画。

步骤 04 用签字笔进一步画出一层屋檐的轮廓，再细化屋面结构。

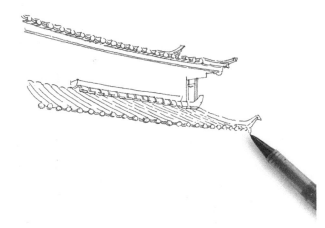

步骤 05 用签字笔继续画出建筑屋檐以下的结构。

步骤 06 暂时为中景的绿化和茶座留出足够的空白，目测确定好前景木地板和花池、中景池塘和植物的位置，用签字笔画出其轮廓。

步骤 07 用签字笔勾勒出中景茶座和植物的造型，注意右侧毛竹植物需用叶片形状概括其轮廓。

步骤 08 根据两点透视规律用签字笔画出一层室内空间的内容。

●示范：王美达

●示范：王美达

步骤 09 用签字笔刻画出二层窗格的构造，注意每个结构受透视影响所产生的小侧面的刻画。

步骤 10 用签字笔简略勾勒出池塘水面的倒影，离地面最近的倒影要相对实一些，延伸处则几笔带过。

●示范：王美达

●示范：王美达

步骤 11 用签字笔刻画出中景桌布、门帘的花纹，以及室内家具上的陈设品。

步骤 12 用较细的一次性针管笔排线，深化池塘水岸的细节，注意利用排列线条的方向与疏密，刻画不同事物的质感与光影。

● 示范：王美达

步骤 13 用一次性针管笔排线，深入表现池塘水面的倒影，注意倒影的刻画要言之有物，且比实物虚一些。

● 示范：王美达

步骤 14 用一次性针管笔排线，刻画中景植物的肌理，以及茶座在地面上的投影，该投影与木地板的亮面形成对比，使空间更加"透气"。

● 示范：王美达

步骤15 用一次性针管笔画出二层建筑的投影轮廓。

●示范：王美达

步骤16 用一次性针管笔刻画远景建筑屋面肌理，并增加远景树的轮廓。

●示范：王美达

步骤17 用一次性针管笔密集排线，刻画屋檐的阴影，再用较疏一点的垂直排线，刻画建筑墙面和室内的投影及暗部。

●示范：王美达

步骤18 用一次性针管笔排线，加重一层牌匾后的阴影，突出立体感。

●示范：王美达

步骤 19 用一次性针管笔斜向排线刻画二层植物。

步骤 20 通观画面，思考各个细节的空间关系，用一次性针管笔按照近实远虚的规律，调整建筑勾头滴水的虚实关系，加强近处结构的对比。

步骤 21 用一次性针管笔稍微深入刻画建筑左侧室内的细节结构和光影关系。

步骤 22 用一次性针管笔排线，适当刻画室内可见部分的阴影，加强进深感。

步骤 23 再次通观画面，用一次性针管笔竖向排线刻画远景建筑和树木，注意线条疏密结合，使远景较虚，有后退感。

步骤 24 用草图笔加强中景近处花坛植物间隙的重色，增强其前进感。

●示范：王美达

●示范：王美达

步骤 25 用草图笔调整画面关系，完成画稿。

●示范：王美达

第 **5** 章

建筑手绘作品欣赏

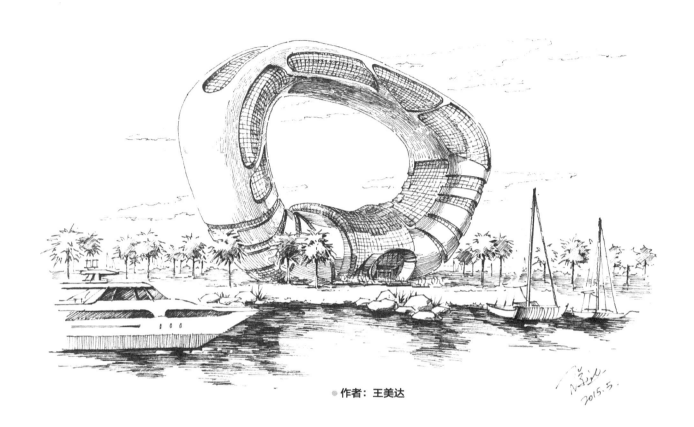

● 作者：王美达

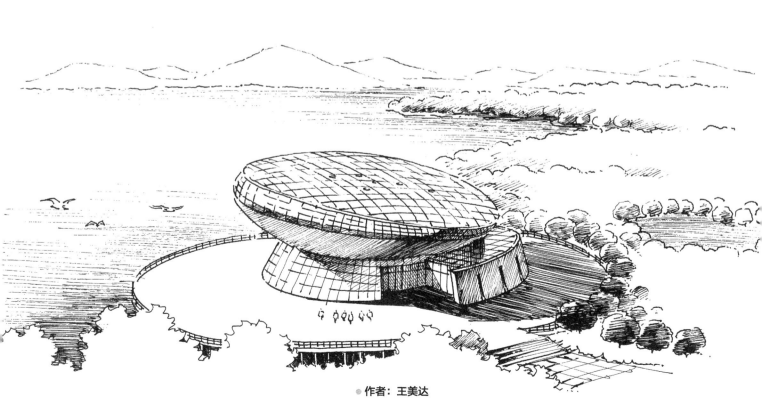

● 作者：王美达

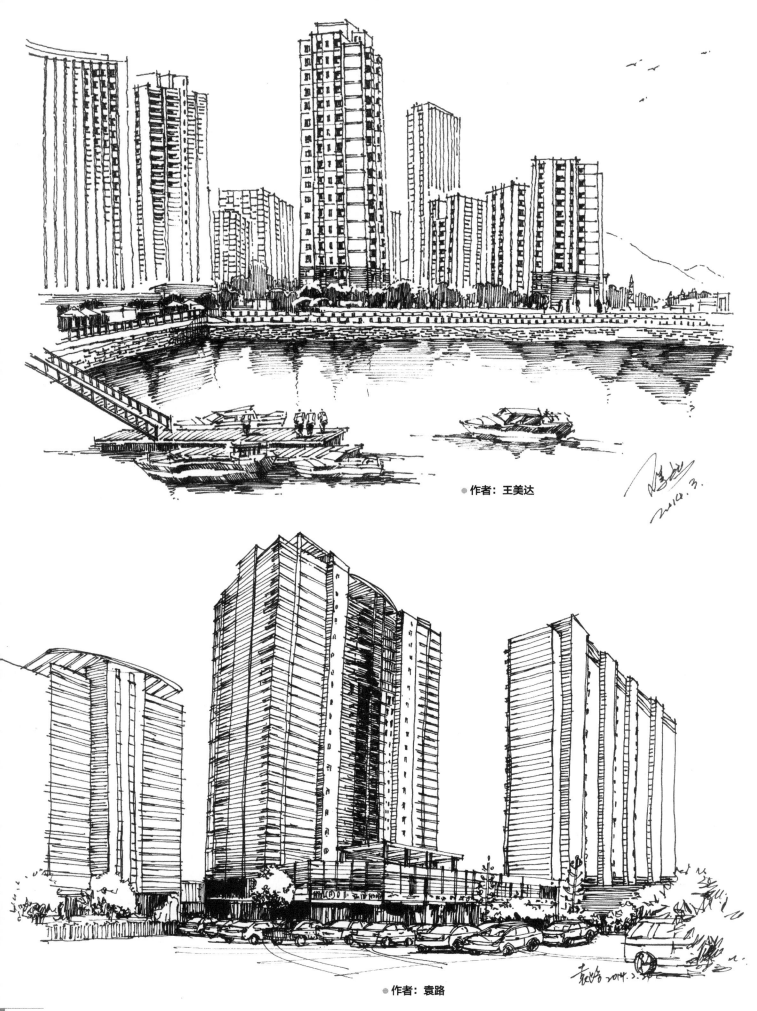

●作者：王美达

●作者：袁路

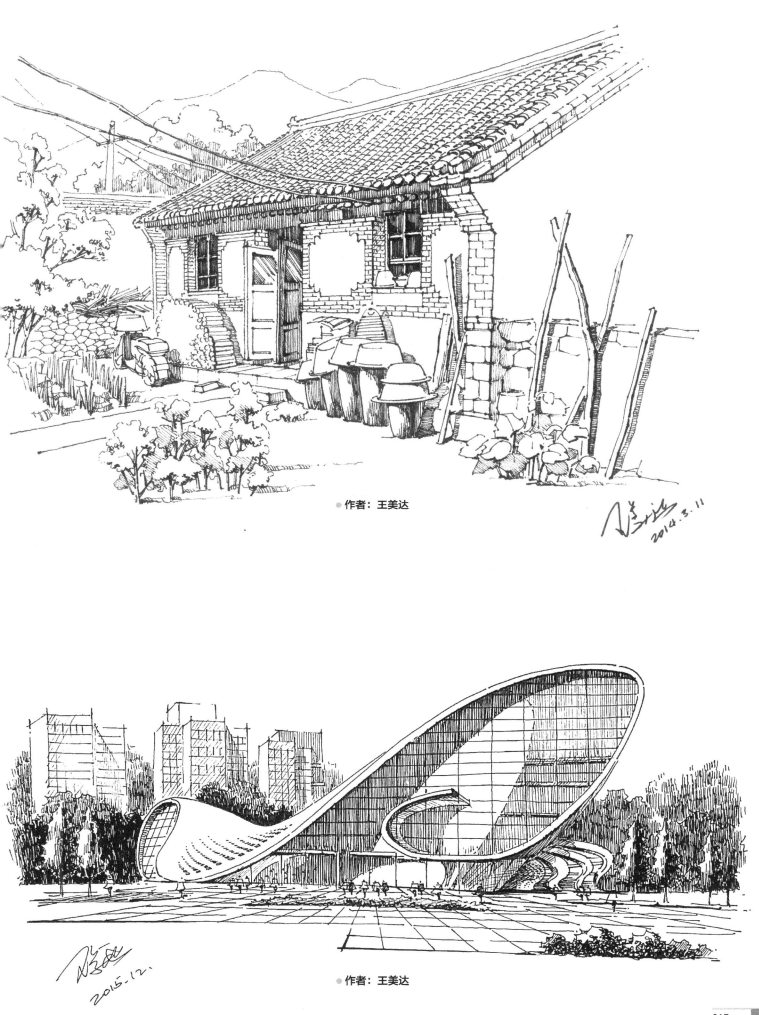

● 作者：王美达

2014.3.11

2015.12.

● 作者：王美达

● 作者：王美达

● 作者：王美达

● 作者：王美达

● 作者：王美达

● 作者：王美达

● 作者：王美达

● 作者：王美达

● 作者：王美达

●作者：袁路

●作者：王美达

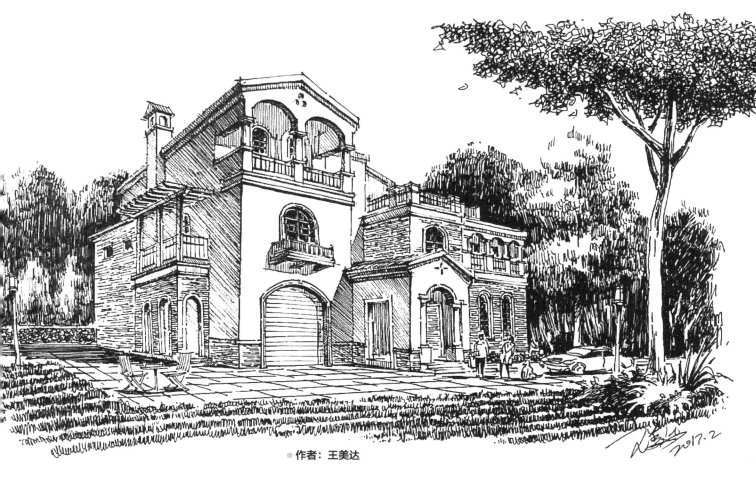

◎ 作者：王美达

◎ 作者：王美达

● 作者：王美达

2017.3.

● 作者：王美达

● 作者：王美达

● 作者：王美达

● 作者：王美达

● 作者：王美达

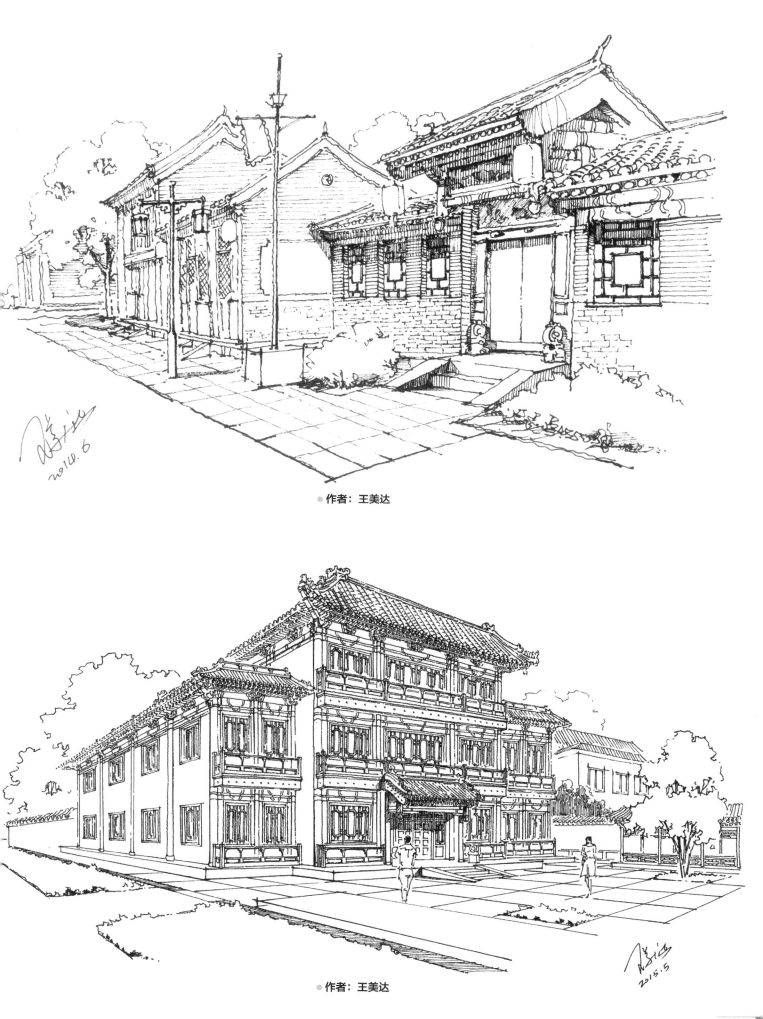

● 作者：王美达

● 作者：王美达

作者：王美达

226

作者：王美达

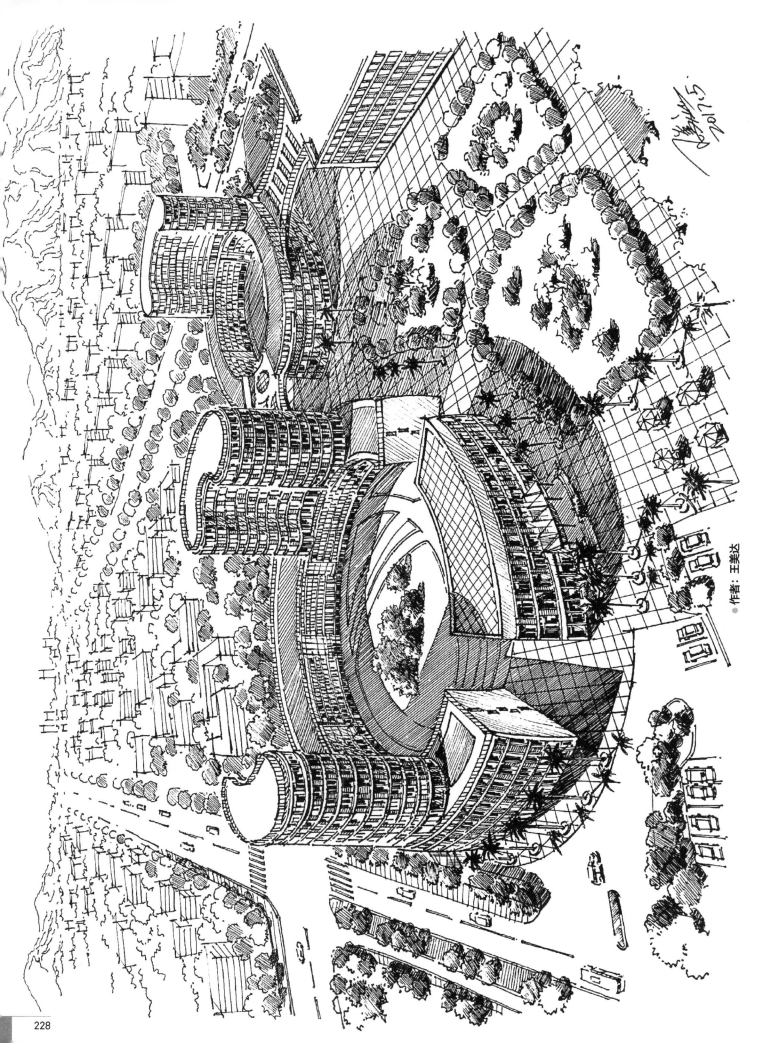

作者：王美达

●作者：王美达

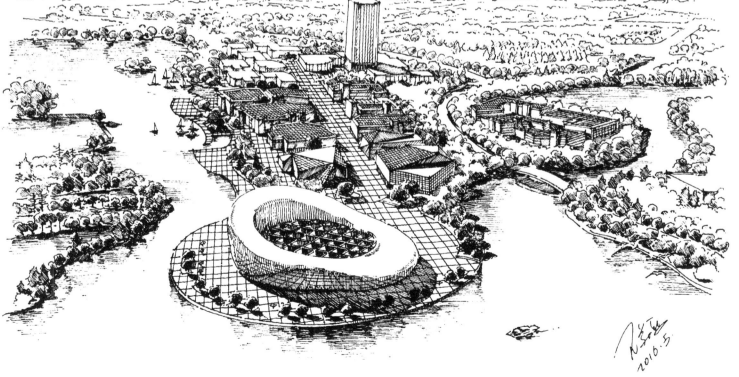

●作者：王美达

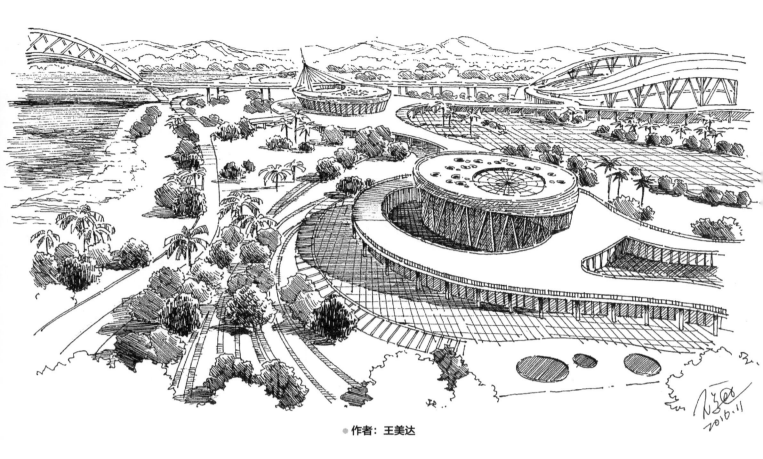

● 作者：王美达

● 作者：王美达

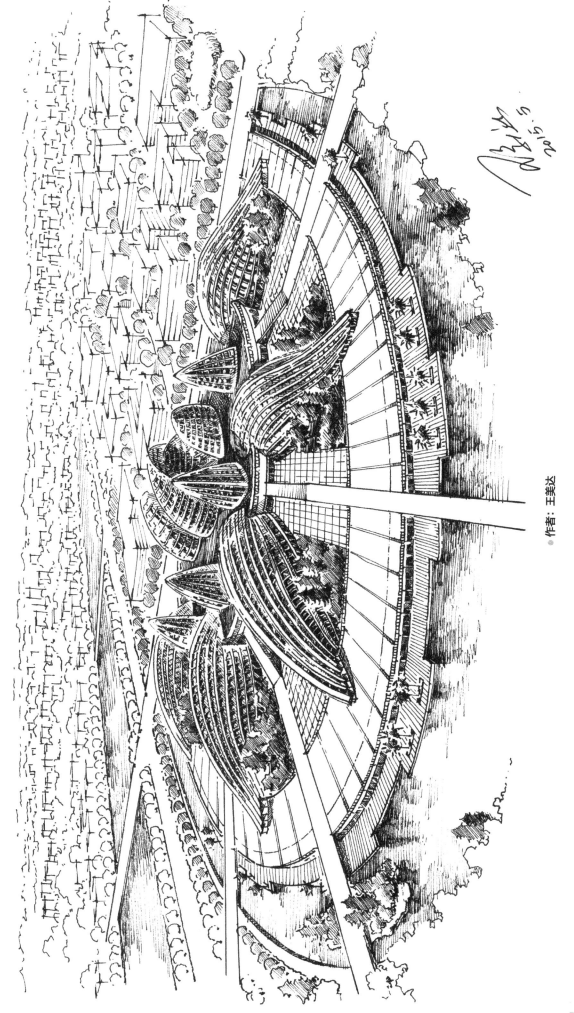

作者：王美达

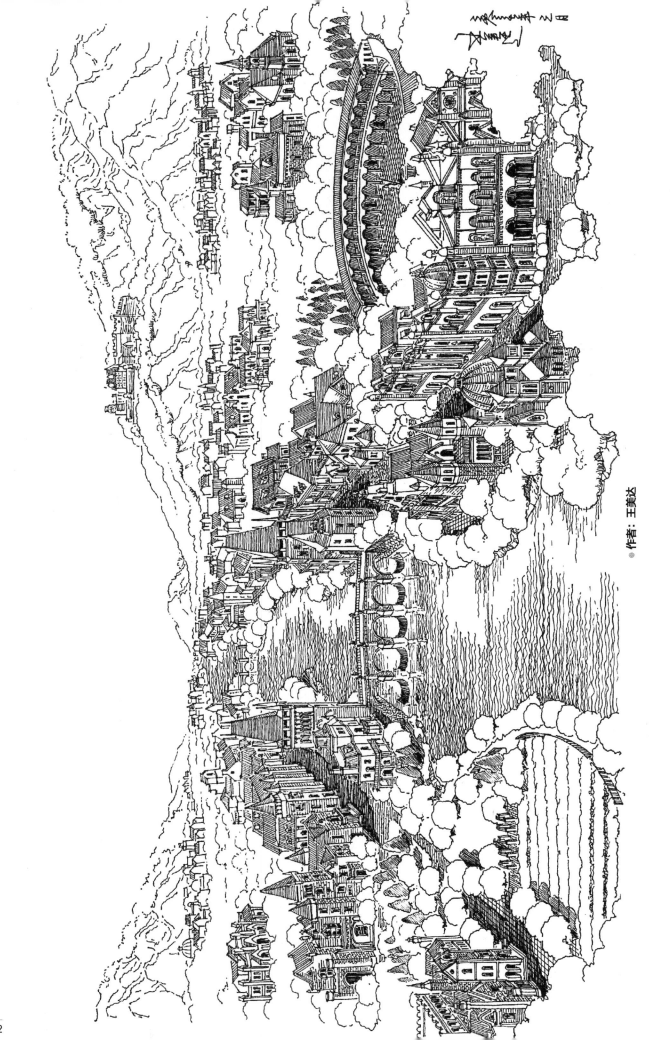

作者：王美达

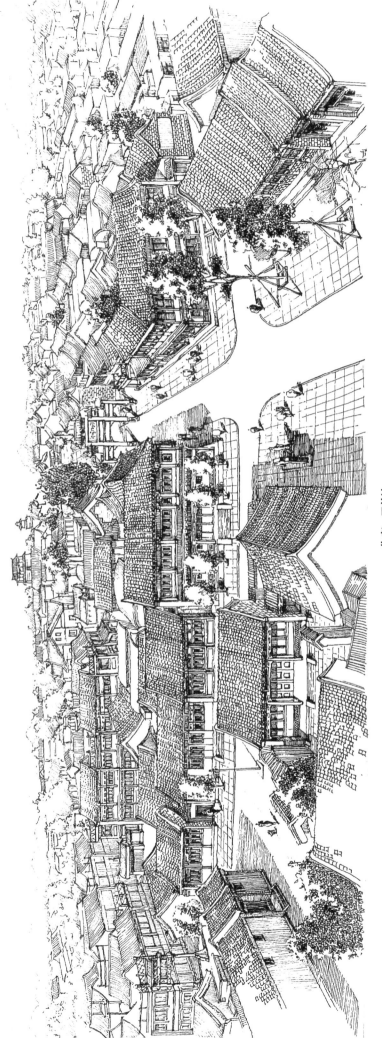

● 作者：王美达

● 作者：王美达

作者：王美达

作者：王美达

●作者：王美达

●作者：王美达

● 作者：王美达

作者：王美达

2017.3.

数艺社教程分享

本书由数艺社出品，"数艺社"社区平台（www.shuyishe.com）为您提供后续服务。

"数艺社"社区平台，为艺术设计从业者提供专业的教育产品。

■ 与我们联系

我们的联系邮箱是 szys@ptpress.com.cn。如果您对本书有任何疑问或建议，请您发邮件给我们，并请在邮件标题中注明本书书名及 ISBN，以便我们更高效地做出反馈。

如果您有兴趣出版图书、录制教学课程，或者参与技术审校等工作，可以发邮件给我们；有意出版图书的作者也可以到"数艺社"社区平台在线投稿（直接访问 www.shuyishe.com 即可）。如果学校、培训机构或企业想批量购买本书或数艺社出版的其他图书，也可以发邮件联系我们。

如果您在网上发现针对数艺社出品图书的各种形式的盗版行为，包括对图书全部或部分内容的非授权传播，请您将怀疑有侵权行为的链接通过邮件发给我们。您的这一举动是对作者权益的保护，也是我们持续为您提供有价值的内容的动力之源。

■ 关于数艺社

人民邮电出版社有限公司旗下品牌"数艺社"，专注于专业艺术设计类图书出版，为艺术设计从业者提供专业的图书、U 书、课程等教育产品。出版领域涉及平面、三维、影视、摄影与后期等数字艺术门类，字体设计、品牌设计、色彩设计等设计理论与应用门类，UI 设计、电商设计、新媒体设计、游戏设计、交互设计、原型设计等互联网设计门类，环艺设计手绘、插画设计手绘、工业设计手绘等设计手绘门类。更多服务请访问"数艺社"社区平台 www.shuyishe.com。我们将提供及时、准确、专业的学习服务。

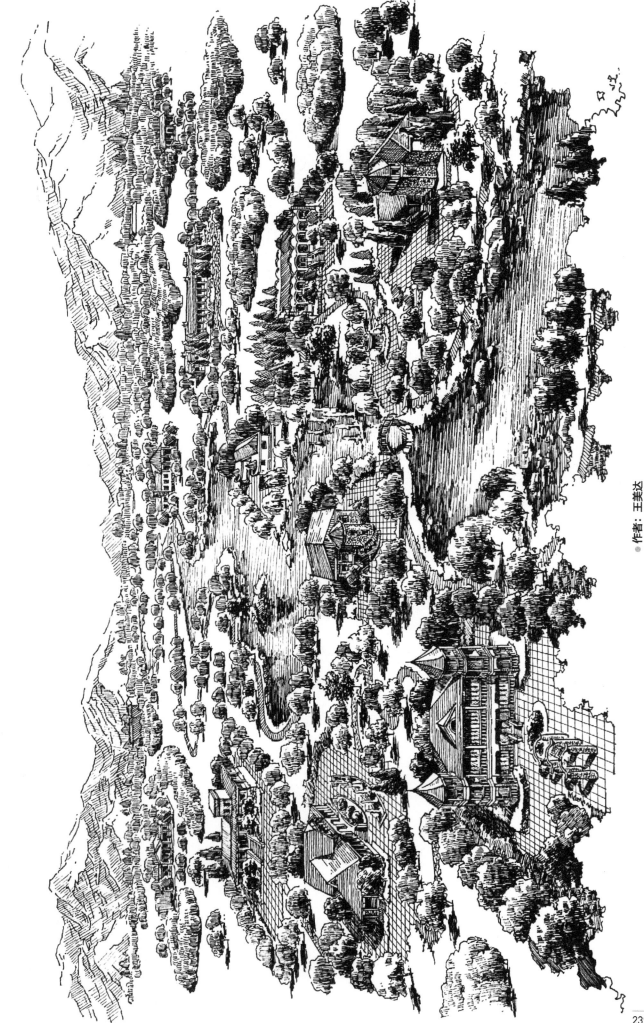

●作者：王美达